"사랑하게 되면 알게 되고 알게 되면 보인다."라고 한다. 하지만 이 책을 보고 나니 '안다/이해한다(see)'의 시작점에 '본다(see)'가 있음[barcode] "보게 되면 알게 되고, 알게 되면 사랑하게 된다."라고 말하고 싶어진다. 『코스모[barcode]가 걸어온 진화의 여정과 그 여정을 이해하기까지 [barcode] 밤하늘에 매혹되어 그 아름다움을 담고자 전 세계[barcode]

맨눈에서 시작한 인류의 여정은 망원경과 사진과 빛을 모[barcode]발명으로 더 커지고 다양하고 깊어졌고, 이 책에는 그 다양한 변천사가 담겨 있다. "책에서 본 별자리들이 밤하늘에 진짜로 있었다."는 데서 시작된 권오철의 여정은 '밤하늘의 경이로움을 사진으로 다른 이들에게 전달하는 행복한' 천체 사진 작가로 이어진다. 그는 내가 프리랜서 강사로서 우리나라 사람이 찍은 밤하늘 사진이 필요할 때는 자신의 책 『별이 흐르는 하늘』로, 노원우주학교 관장으로 우주의 경이로움과 진화사를 담은 동영상이 필요할 때는 「생명의 빛, 오로라」와 「코스모스 오디세이」 영상으로 그 허기를 채워 준 고마운 개척자이기도 하다. 이 책이 독자들에게 밤하늘과 우주를 보고, 알게 되고, 사랑하게 되는 여정의 시작점이 되기를 소망한다.

—이정규(서울시립과학관 관장)

권오철의

코스모스
오디세이

사이언스
SCIENCE
BOOKS 북스

권오철

권오철의
코스모스
오디세이

천 체 투 영 관 우 주 여 행

사이언스
북스
SCIENCE
BOOKS

태양에서 강력한 흑점 폭발이 발생해 오로라가 저위도까지 펼쳐지던 밤이다.
오로라 커튼이 남쪽 저 아래로 내려가면서 오로라의 위쪽 붉은색이 두드러지
게 보였다. 이런 오로라는 흔치 않다. 캐나다 옐로나이프, 2015년.

머리말

나는 과학자가 아니라 사진가다. 천체 사진가로서 스스로의 사명을 "밤하늘의 경이로움을 사진으로 다른 이들에게 전달하는 행복한 직업"으로 정했다. 어떻게 하면 밤하늘의 경이로움을 제대로 전달할 수 있을까를 고민하는 게 일이다. 특히 오로라는 그 황홀한 너울거림을 사진으로 전달하기 어렵다. 오로라 사진으로 미국 내셔널 지오그래픽 홈페이지 대문을 장식한 적도 있지만, 항상 사진만으로는 부족하다 생각했다. 사진을 연속으로 계속 촬영해서 영상으로 만드는 타임랩스 (time-lapse) 작업을 하니 좀 나은데, 이것도 실제의 느낌과는 달랐다. 그래서 아예 동영상으로 담으려고 시도했다. 동영상으로는 실제 느낌과 비슷해도 완벽하진 않았다. 당시의 카메라는 노이즈가 너무 심했고, 밤하늘을 가득 채우는 오로라의 빛을 일부분만 네모나게 잘라서 담을 수밖에 없었다.

밤하늘을 장노출로 촬영하는 사진이 아니라 동영상으로 담으려면 엄청나게 고감도로 촬영할 수 있어야 한다. 그런 카메라가 나오려면 한 10년은 기다려야 할 줄 알았는데, 종종 기술의 발전 속도는 예상을 뛰어넘는다. 소니에서 초고감도로 영상을 담을 수 있는 카메라 A7s가 나왔다. 바로 이런 게 나오면 하겠다고 생각한 것이 있었다. 밤 하늘 전체를 동영상으로 한번에 촬영하는 것이다. 이게 바로 VR

이다. 촬영 장비를 갖추자마자 캐나다 옐로나이프로 날아갔다. 2015년 2월에는 오로라가 강렬하지 않아 별 성과 없이 귀국했는데, 3월에 태양에서 큰 흑점 폭발이 발생했다. 빛은 8분이면 오지만 오로라를 일으키는 태양풍 입자들은 하루 이틀 걸린다. 소식을 듣고 바로 공항으로 가서 캐나다로 날아갔고, 엄청난 오로라를 담을 수 있었다. 세계 최초로 실제 오로라를 가상 체험할 수 있는 VR 콘텐츠로 제작한 것이다. 그리고 다음 날인 3월 17일에 VR 콘텐츠 제작에 정부가 지원한다는 공고가 났다.

2011년 10월 미국 내셔널 지오그래픽의 홈페이지에 게재된 오로라 사진.

촬영한 영상을 천체 투영관용 영화 제작 업체에 넘기려던 계획을 수정해 지원금으로 직접 영화를 만들어 보기로 했다. 컴퓨터 그래픽이나 음악, 내레이션 등을 추가해서 만들어진 것이 내 첫 번째 천체 투영관용 VR 영화인 「생명의 빛, 오로라」다. 하나의 주제로 천체 투영관용 영화를 만들면서 밤하늘의 경이로움을 제대로 전달할 수 있었다.

이렇게 사진가에서 영화 감독이 되었고, 두 번째로 기획한 것이 바로 「코스모스 오디세이: 우주를 탐구해 온 위대한 여정」이다. 이번에는 전 세계의 천문대들을 담기로 했다. 하와이 마우나케아 산 꼭대기의 천문대들, 칠레 아타카마 사막의 높은 지대에 위치한 세계 최대의 망원경과 전파 망원경들, 아프리카 대륙 옆 카나리아 제도의 스페인령 라팔마 섬 꼭대기에 있는 천문대들 모두 가보고 싶은 곳이었기 때문이다. 평소 동경해 오던 첨단 과학의 현장들을 촬영을 핑계 삼아 방문하고 천문학의 역사에 대한 줄거리를 입혀서 영화로 만들었다.

우주의 시공간은 천문학적으로 오래되고 넓다. 인류가 아는 우주는 과학의 발전에 따라 그만큼 넓어져 왔다. 지구가 우주의 전부이고 천구에 해, 달, 행성들, 별들이 박혀서 돌고 있다고 생각하던 시절도 있었다. 불과 100년 전만 해도 우리 은하가 우주 전체인 것으로 알고 있었다. 지난 100년의 천문학 발전은 참으로 눈부시다. 직접 실험할 수 없는 천문학의 한계에도 불구하고 그 어려운 일을 참 잘 해냈다. 인류는 138억 년 전 우주 탄생의 순간부터 현재에 이르기까지 어떤 일이 있었는지 거의 정확하게 밝히고 검증했다. 이 천문학적 여정을 그려 냈다.

천체 투영관에서 상영하는 29분이란 시간에 138억 년 우주의 시공간과 이를 하나하나 깨우쳐가는 인류의 도약을 담아내려는 것은 사실 욕심이었다. 장면 하나하나 수많은 참고 서적들과 과학자들의 자문을 거쳐서 최대한 과학적으로 제작했다. 그런데 정작 이 장면을 설명할 시간이 턱없이 부족했다. 그냥 넘기기에는 너무 소중한 의미

오로라를 VR로 담기 위해 제작한 장비.

캐나다
옐로나이프에서
촬영하는 모습.

가 담겨 있는데, 저 장면이 나오기까지 뒷이야기가 더 숨어 있는데! 그래서 영화를 위한 해설서가 필요하겠다고 생각한 것이 결국 이 책이 되었다. 책을 만들기 위해 다시 한 번 과학자들의 도움을 받았다.

이 책은 무엇보다 영화를 보기 전에 미리 읽기 위한 책이다. 지금쯤이면 지구 곳곳의 많은 천체 투영관에서 「코스모스 오디세이」를 볼 수 있을 것이다. 이 책을 보고 영화를 보면 훨씬 좋다. 원래 알고 보면 더 잘 보이는 법이다. 아는 것을 넘어 사랑하게 되면 더 좋겠다.

권오철
칠레 ALMA 전파 천문대를 촬영하고
미국 VLA 전파 천문대를 촬영하러 가는 비행기 안에서

2014년 러키가 오큘러스 리프트 DK1을 머리에 쓰고 시연하고 있다.

VR에 대하여

VR(virtual reality)은 가상 현실을 뜻한다. 가기 어려운 장소, 실재하지 않는 환상의 공간을 실제로 현장에 있는 것과 같은 체험을 하게 하는 기술이다. 머리에 VR 헤드셋(Head Mounted Display, HMD)을 쓰면 좀비들과 전투를 벌이거나 우주 공간을 유영하는 등의 가상 현실을 모니터에서 보던 것과 차원이 다르게 실감 체험할 수 있다.

최근의 VR 붐은 16세 소년에서 비롯되었다. 2009년 미국 캘리포니아에 살던 파머 러키(Palmer Luckey)는 3D 게임에서의 몰입감을 극대화하기 위해 LCD 패널과 돋보기 렌즈, 자이로 센서 등을 결합한 VR 헤드셋을 만들어 보기로 결심하고, 2010년 아버지의 차고에서 프로토타입을 완성했다. 수 차례의 개선 끝에 만들어 낸 오큘러스 리프트(Oculus Rift)는 2012년 킥스타터 크라우드 펀딩에서 240만 달러를 끌어 모았고 2014년에는 페이스북에 30억 달러에 인수된다. 이것이 오큘러스 탄생 신화다.

오큘러스 이후 수많은 회사들이 비슷한 제품을 쏟아내서 지금의 VR 시대를 만들었다. 왜 오큘러스는 수많은 모조품들이 나오는 것을 막지 않았을까? 안 한 것이 아니라 못한 것이다. 오큘러스 이전에도, 심지어 LCD 패널이 개발되기

이전부터 VR 헤드셋이 이미 존재했기 때문에 오큘러스가 이런 제품에 대한 독점권을 행사할 수 없었다. 단지 이전의 제품들은 너무 크고 무겁고 사용하기 불편한데다 가격조차 비쌌던 것이 문제였다. 오큘러스 이후, 많은 VR 헤드셋들은 가볍고 싸게 만들어져 많은 사람들이 널리 사용할 수 있게 되었다. 이제 스마트폰만 있으면 구글 카드 보드처럼 종이로 접어서 만드는 간단한 VR 헤드셋으로도 VR을 즐길 수 있게 되었다.

　　가상 현실의 기원은 생각보다 훨씬 더 오래 되었다. 기원전, 고대 그리스의 아르키메데스는 해와 달의 움직임을 예측할 수 있는 원시적인 천체 투영관을 만들었다고 한다. 우주를 가상 현실로 재현하는 이 기술은 중세의 기계 장치에서 광학식 투영기를 거쳐 현재는 디지털 프로젝터를 이용한 방식이 대세를 이루고 있으며, 앞으로 LED 스크린으로 바뀌어 나갈 것으로 예상된다.

　　천체 투영관에서 즐기는 VR 콘텐츠는 VR 헤드셋으로 보는 내용과 근본적으로 같다. 단지 밤하늘을 주 대상으로 하기 때문에 아래쪽 바닥을 제외한 반구 형태의 스크린을 이용하는 것이 다르다. 국립 광주 과학관의 스페이스 360과 같이 아래쪽 바닥도 있는 360도 구 형태의 스크린도 있다. 이 책에서는 VR 헤드셋을 이용해서 「코스모스 오디세이」의 주요 부분을 미리 볼 수 있도록 했다. QR 코드와 연결된 주소에서 VR 영상이 여러분을 기다리고 있다. 휴대폰 기반의 VR 헤드셋은 시야각이 100도 정도로 천체 투영관에서 보는 것에 비해 훨씬 좁아 조금 답답한 느낌이 들 수 있다는 점이 아쉽다.

1989년에 개발된 가상 현실 기기. VR 헤드셋 이외에도 센서들이 부착된 장갑과 옷이 일체로 되어 있다.

아이제 아이징거 천체 투영관. 1774년부터 공사를 시작해서 1781년에 완성되었다. 현재에 운영하는 천체 투영관 중 가장 오래되었다. 기계 장치를 이용해서 해와 달, 행성들의 움직임을 재현해 냈다.

독일 자이스 사가 개발한 광학식 천체 투영기. 전기 램프에서 나오는 빛을 렌즈를 통해 모아 반구형의 스크린에 별들의 상을 맺게 만들었다. 1939년 베를린 천체 투영관.

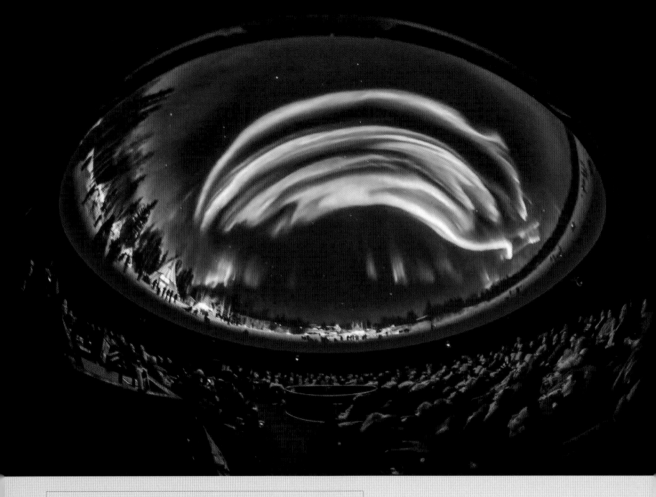

「생명의 빛 오로라」가 상영 중인 독일 볼프스부르크 천체 투영관. 디지털 프로젝션 방식으로 별자리 이외에도 영상물을 상영할 수 있다.

이 책에 수록된 VR을 감상하려면

종이를 접어 VR 헤드셋을 만들거나 삼성 기어 VR, 오큘러스 같은 VR 헤드셋을 준비한다. 그런 다음 유튜브 「코스모스 오디세이」 예고편 영상을 VR 헤드셋에서 재생하기만 하면 된다. QR 코드 리더 앱과 유튜브 앱을 스마트폰에 다운받아 설치한 후, 옆에 있는 QR 코드를 카메라로 읽으면 유튜브의 영상으로 바로 연결된다. 예고편 영상은 휴대폰을 이리 저리 돌리는 것에 따라 다른 방향을 보여 주는 VR 영상이다. VR 헤드셋으로 보면 훨씬 몰입감이 있다. 화면 아무 곳이나 가볍게 터치하면 나타나는 헤드셋 모양의 아이콘  을 터치하면 화면이 좌우로 분할되어 보인다. 헤드셋을 썼을 때 각각 왼쪽, 오른쪽 눈으로 보게 될 영상이다. 자 이제 핸드폰을 VR 헤드셋에 끼우고 감상할 차례다.

「코스모스 오디세이」 예고편 영상을 VR로 감상해보자.

밀물 때 삼각대가 바닷물에 잠겨가면서 찍었다. 하얗게 부서지던 파도가 해안가 가로등 불빛을 받아 노랗게 물들었다. 전에는 가로등이 대부분 나트륨등이어서 색이 노랬다. 왼쪽에 작은 유성이 촬영되었다. 태안 학암포, 2002년.

차례

사자자리유성우가
비처럼 쏟아지던 밤
이었다. 필름으로 장
시간 노출해서 별
들이 흘러가는 궤
적 위에 불규칙적으
로 떨어지던 별똥별
들의 흔적이 남았다.
NASA에서 운영하
는 오늘의 천체 사진
(Astronomy Picture
Of the Day, APOD)
에 처음 선정된 사진
이다. 소백산 천문대,
2001년.

1 대폭발부터
138억 년

나는 궁금했다. 처음부터 거창하게 우주가 궁금했던 것은 아니다. 그저 눈앞에서 꼬물거리는 작은 벌레들이 어린 호기심의 대상이었다. 바늘에 꽂힌 표본들이 한쪽 벽을 채울 때쯤, 벌레들에게는 매우 다행스럽게도 관심의 대상이 새로 바뀌었다. 새들에게는 아주 불행한 일이었을 것이다. 그러다 별에 빠지게 된 것은 고등학교 때 우연히 보게 된 책 한 권 때문이었다. 별은 새나 벌레처럼 잡을 수 없으니 사진을 찍기 시작했다. 그때는 몰랐다. 그것이 직업이 될 줄은. 이제 나는 별을 사진으로 찍고, 영상도 만들고 나아가 천체 투영관에서 볼 수 있는 영화도 만든다.

별에 대한 호기심을 직접 풀어볼 수도 있지 않았을까? 별을 쫓다가 왜 과학자가 되지 않고 사진가가 되었을까? 두 가지 경험이 내 진로 선택에 영향을 주었다. 첫 번째는 어렸을 적 본 TV 드라마다. 「한 지붕 세 가족」 등장 인물 중 한 명이 서울 유명 대학 천문학과를 나와서 직업을 못 구하고 비디오 가게를 운영하면서 구박받는 장면이 있었다. 아, 저 학과 나오면 밥을 굶는구나! 두 번째는 대학에 가서 들었던 천문학 수업이다. 도저히 알아들을 수 없는 외계의 학문이었다.

내가 직접 우주의 신비를 푸는 것은 포기했지만, 다행히 지구상에는 수많은 뛰어난 과학자들이 있다. 무려 138억 년 전에 우주가 어떻게 시작되었는지를 밝혀냈을 정도다. 알베르트 아인슈타인(Albert Einstein, 1879~1955년)은 1916년 중력과 시공간에 대한 일반상대성이론을 발표했다. 이 방정식을 우주에 적용해 보면 우주는 정적이지 않다는 결론이 나온다. 아인슈타인은 정적인 우주를 믿었기에 그의 방정식에 우주상수를 만들어 넣어서 결과를 보정했다. 그런데 달리 생각한 사람도 있었다. 러시아의 알렉산드르 프리드만(Alexander Friedman, 1888~1925년)은 1922년 우주는 정적이지 않고 팽창할 것이라고 주장했다. 1927년에도 벨기에의 사제이자 천문학자인 조르주 르메트르(Georges Lemaître, 1894~1966년)가 아인슈타인의 방정식을 풀어 같은 주장을 했다. 아인슈타인은 이들의 이야기를 탐탁치 않게 여겼다고 한다. 르메트르는 더 나아가, 시간을 되돌리면 우주는 점점 작아져서 하나의 태초의 원자에서 시작되었다고 주장했다. 대폭발 이론의 시조라고 할 수 있겠다. 드디어 1929년, 에드윈 허블(Edwin Hubble, 1889~1953년)이 멀리 있는 은하들이 더 빨리 멀어지고 있다는 것을 관측해서 우주가 팽창한다는 것을 밝혀냈다. 그제야 아인슈타인은 우주상수가 '일생 최대의 실수'라고 인정했다고 한다.

　　우주의 팽창을 확인하고 나서도 우주의 기원을 알아내는 데는 많은 시간이 걸렸다. 1948년에 랠프 앨퍼(Ralph Alpher, 1921~2007년)는 지도 교수인 조지 가모브(George Gamow, 1904~1968년)와 함께 대폭발 이론을 제안하는 논문을 발표했다. 심지어 발표일이 4월 1일 만우절이다. 가모프의 장난으로 아무 상관이 없는 한스 베테(Hans Bethe, 1906~2005년)의 이름이 추가되어 '알파-베타-감마 논문'으로 불린다. 이 논문에서 대폭발 직후의 고온 고밀도에서 어떻게 지금의 물질들이 만들어질 수 있었는지 제시했다. 또한 앨퍼는 로버트 허먼(Robert Herman, 1914~1997년)과 함께 대폭발 직후 고온 고밀도의 우주가 식어가며 현재에 남긴 흔적, 즉 우주배경 복사의 존재를 예측했다. 그리고 시간이 흘러 1964년에 아노 펜지어스(Arno

Allan Penzias, 1933년~)와 로버트 윌슨(Robert Wilson, 1936년~)이 우주 배경 복사를 전파 망원경을 이용해 우연히 발견했다. 이렇게 수많은 가설과 검증 과정을 거쳐 대폭발 이론이 정설로 받아들여지게 된 것이다. 르메트르는 우주 배경 복사가 발견되었다는 소식을 죽기 직전 병상에서 들었다고 한다. 그리고 2018년에 우주의 팽창을 말하는 '허블의 법칙'을 '허블-르메트르의 법칙'으로 바꾸어 부르는 것으로 국제 천문 연맹(IAU)에서 의결했다.

이제 수많은 과학자들이 알아낸 138억 년의 우주를 살펴보자.

우주의 탄생

"빛이 있으라." 우리 우주는 138억 년 전 한 점에서 시작되었다. 그 한 점에 이 세상을 이룰 모든 에너지와 물질이 뒤범벅되어 있었다. 상상하기도 어렵지만 물리적으로도 모든 물리 법칙 또한 들어맞지 않는 특이한 시점이다. 그래서 특이점이라고 부르기도 한다. 이 한 점 이전에는 어떤 일이 있었는지, 이런 다른 우주도 있는지 알지 못한다. 어쨌든 이 알 수 없는 한 점에서 갑자기 팽창하며 우리 우주는 시작되었다. 탄생 직후 1초도 되기 전에 천문학적 규모의 급팽창이 있었다고 하는데 이를 인플레이션이라고 부른다.

> ▶ 대폭발의 순간을 본 사람은 아무도 없다. 「코스모스 오디세이」 영화에서 대폭발을 표현한 부분을 만드는 데에는 많은 상상력이 필요했다.

최초의 3분

이후 우주는 계속 팽창하고 그에 따라 밀도와 온도는 낮아진다. 온도가 절대 온도 10만 켈빈(K)이 되었을 때 양성자와 중성자가 결합해 원자핵이 만들어진다. 대폭발 이후 단 3분 만에 이 세상 모든 물질들의 재료가 만들어진 것이다. 이 원자핵의 약 75퍼센트는 수소, 약 25퍼센트는 헬륨, 나머지 리튬과 베릴륨은 극미량이었다. 물리학에서 예측한 생성 비율이 실제 우주에서 관측된 값과 일치해서 대폭발 이론이 옳다는 강력한 증거가 되고 있다.

▶ 「코스모스 오디세이」에서 대폭발 직후 작은 우주에 물질들이 뒤엉켜 있는 모습을 표현한 장면. 신호가 없는 TV 채널에서 보이는 노이즈 패턴을 참고해 제작했다.

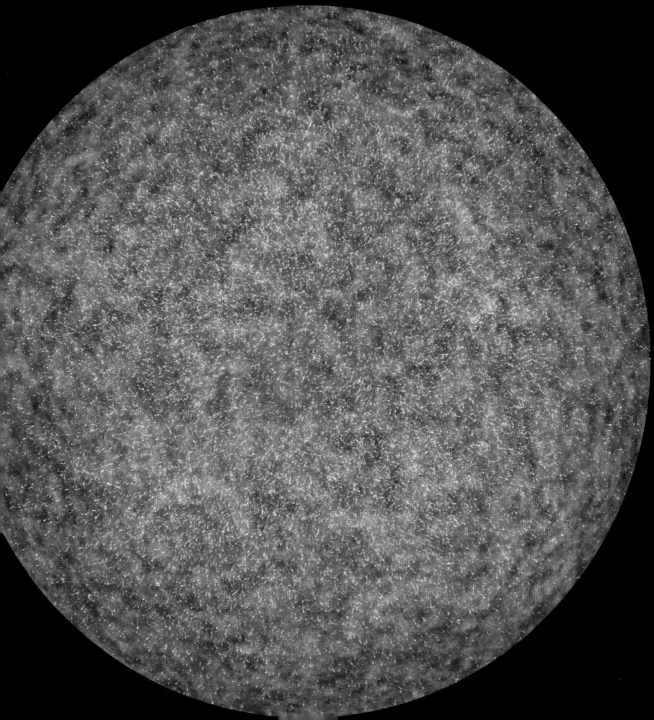

38만 년 뒤

대폭발 이후 38만 년이 지나고 온도가 3000켈빈 정도로 낮아졌을 때 드디어 전자들이 원자핵과 결합해서 원자를 만든다. 빛이 방해 받지 않고 자유롭게 퍼질수 있게 된 것이다. 불투명하던 우주가 갑자기 투명해진다. 이때의 최초의 빛을 지금도 우리는 볼 수 있다. 그 이후 우주가 1000배로 팽창하면서 이 빛도 절대 온도 3켈빈 정도로 낮아져서 모든 방향에서 관측되는데, 이것을 우주 배경 복사라고한다. 신호가 없는 텔레비전이나 라디오 채널에서 보는 잡음의 상당 부분이 이것때문에 생긴다.

▶ 「코스모스 오디세이」에서 대폭발 직후 38만 년을 형상화한 장면. 플랑크(Planck)에서 수집한 우주 배경 복사 이미지를 이용했다. 이 작은 차이가 이후거대한 은하단으로 진화해 간다.

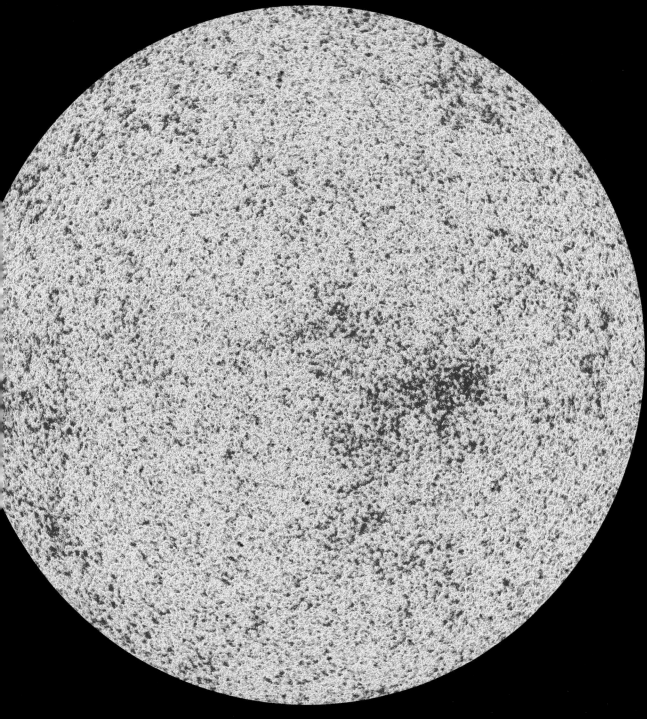

4억 년 뒤

하지만 우주는 어둡기만 했다. 스스로 빛을 내는 별이 없었기 때문이다. 우주가 완전히 균일했다면 지금도 별이 존재할 수 없다. 초기 우주에 아주 미세한 차이, 약 10만분의 1 정도의 차이로 인해 물질들이 서로에게 이끌려 뭉치기 시작했다. 대폭발 이후 4억 년이 지나서야 최초의 별과 은하가 만들어지기 시작했다.

초기의 우주에는 수소와 헬륨이 대부분이었다. 지금처럼 다양한 원자들을 우주에 만들어 준 것은 바로 별이다. 최초의 별들은 태양의 수십~수백 배나 되는 무게였다고 한다. 별은 무거울수록 더 맹렬히 불타올라 자신의 연료를 소모하고 짧은 생을 마감한다. 태양의 수명은 100억 년 정도지만 태양보다 25배 이상이라면 수백만 년 만에 최후를 맞는다. 별은 핵융합으로 빛과 열을 내는데, 처음에는 수소를 헬륨으로 만들고, 그 다음에는 헬륨을 탄소로, 이렇게 철까지 점점 무거운 원자를 만들어 낸다. 그리고 수명을 다해 초신성 폭발로 우주 먼지로 되돌아갈 때 은하 전체보다도 밝게 빛나기도 하며 철보다 무거운 원자들이 만들어진다. 최근 연구에 따르면 매우 무거운 원자들은 중성자별 충돌에서 만들어진다. 이렇게 우주에 다양한 원자들이 생겨나고 이 원자들이 뭉쳐서 만들어지는 2세대 별에서는 지구와 같이 암석형 행성이 만들어지고 물이 있고 생명이 존재할 수 있는 조건이 만들어질 수 있다.

> ▶ 허블 우주 망원경이 촬영한 헬릭스 성운(Helix nebula, NGC7293). 650광년 떨어진 곳에 있는 오래전 죽음을 맞은 별의 잔해이다. 별을 이루는 대부분의 물질은 외곽으로 흩어지고 있고 가운데에 백색 왜성이 희미하게 남아 있다. 태양도 약 50억 년 뒤에는 이런 최후를 맞는다.

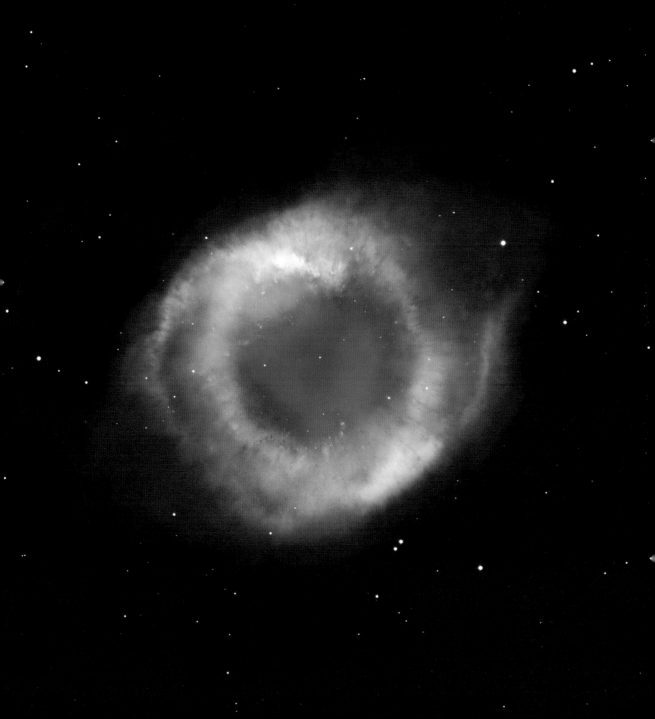

46억 년 전

은하들이 서로 뭉치면서 더 큰 은하가 만들어지는데, 우리 은하도 그렇게 만들어졌다. 지금으로부터 약 46억 년 전, 우리 은하 변두리의 성간 물질들이 주변 초신성 폭발의 충격으로 뭉치기 시작했다. 서서히 회전하면서 중력과 원심력의 작용으로 대부분의 물질들이 중심부로 모이면서 원반 형태를 만든다. 물질이 모일수록 온도와 압력이 올라가는데, 온도가 1000만 켈빈 이상이 되면 핵융합이 시작된다. 이렇게 태양이라는 작은 별이 태어났다.

중심의 태양이 만들어진 후에 원반 부분에서는 행성들이 형성되기 시작했다. 원반 안쪽에서는 암석과 금속 등 무거운 성분들이 모여 수성, 금성, 지구, 화성과 같은 지구형 행성이, 뜨거운 태양과 떨어진 바깥쪽 원반에서는 기체들이 모여 목성, 토성, 천왕성, 해왕성과 같은 목성형 행성이 만들어졌다. 처음에 이런 부스러기들이 뭉쳐 행성이 만들어질 때까지는 크고 작은 충돌이 무수히 많았다. 어느 날 화성만 한 크기의 원시 행성이 지구와 충돌하고, 그때 튕겨나간 지구의 지각 부스러기들이 뭉쳐서 달이 만들어졌다. 이후에도 작은 충돌들은 계속되어 풍화 작용이 없는 달의 표면은 곰보 투성이로 남아 있다. 지구는 서서히 식어갔고, 바다가 생기고, 대륙이 생겨나고, 생명이 나타나 온갖 형태로 진화하기 시작했다. 대륙만 변한 것이 아니다. 온도, 산소의 농도, 바다의 성분 등이 계속 변해 왔다. 앞으로도 계속 변해갈 것이다. 그리고 생명은 그에 적응해 살 수 있을 때까지 존재할 것이다.

> ▶ 지금보다 크기가 훨씬 작았던 초기 우주에서는 은하들이 서로 충돌하는 일이 훨씬 자주 일어났다. 망원경으로 포착된 서로 충돌하고 있는 은하들의 모습이다. 은하들이 충돌하더라도 은하 내부의 별들이 충돌하는 일은 거의 일어나지 않는다. 은하끼리의 거리에 비해서 은하 내부의 별들은 서로 너무나 멀리 떨어져 있기 때문이다.

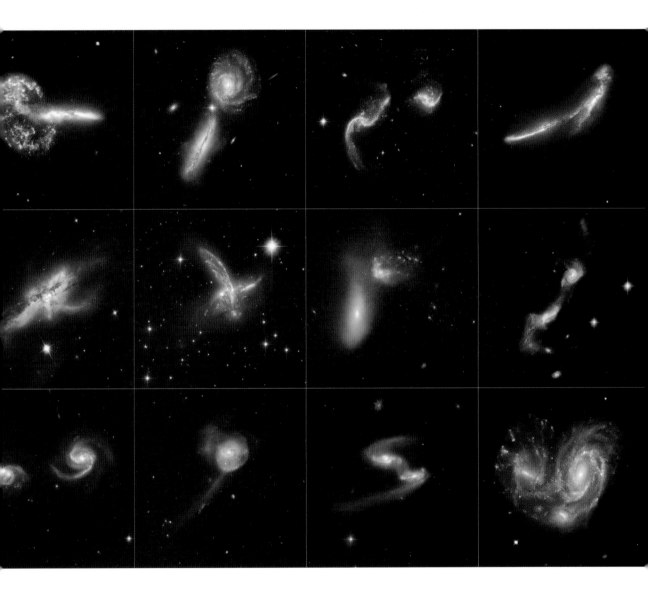

ALMA 전파 망원경으로 포착한 갓 태어나는 별의 모습. 물질이 원반 형태를 이루고 있다. 물질이 집중된 가운데 부분은 별이 되고, 원반의 물질들은 모여서 행성을 이루게 될 것이다.

▶ 보름달. 어둡게 보이는 부분은 바다라고 불린다. 화산 활동으로 내부의 용암이 흘러나와 넓고 평평한 현무암 지대를 형성한 것이다. 대기가 거의 없어서 풍화 작용도 없다. 이제까지 수없이 많은 충돌로 만들어진 크레이터들이 잘 보존될 수 있었다. 달이 처음 만들어졌을 때에는 지금보다 훨씬 가까이 있었다. 달은 지금도 해마다 4센티미터씩 지구에서 멀어지고 있다. 지구에서 본 달은 점점 작아지는데, 태양은 수소와 헬륨을 소모하면서 점점 커진다. 결국 6억 년 정도가 지나면 달이 태양을 완전히 가릴 수 없게 되어 지구에서 개기일식을 볼 수 없다. 그때에도 인류가 존재한다면 금환식만 볼 것이다.

실제 크기 비율로 나타낸 태양계의 행성들. 태양계에서 태양은 99.86퍼센트나 차지하는 절대적 존재다. 나머지 약 0.14퍼센트 중에서도 3분의 2 이상이 목성이다. 나머지 한 줌에서도 지구는 1퍼센트도 안된다. 이런 지구 위에 사는 사람은 말 그대로 '우주 먼지'라고 해도 좋다. 태양계 행성들의 실제 거리 비율로는 이 지면의 한계로 나타내지 못한다. 태양을 축구공 크기로 줄이면, 지구는 지름 2밀리미터 좁쌀 크기에 24미터 떨어져 있고, 목성은 22밀리미터 구슬 크기로 123미터 떨어져 있다. 보이저 1호가 있는 곳까지는 3킬로미터, 오르트 구름의 가장자리까지 그리려면 서울~홍콩 거리보다 멀다.

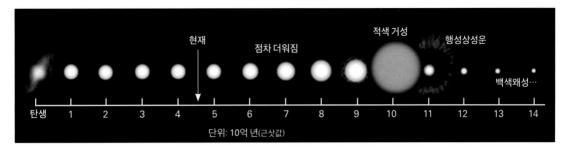

태양의 일생 동안 태양에서 오는 에너지도 변한다. 1억 년에 약 1퍼센트씩 점점 많은 에너지를 쏟아낸다. 10억 년 뒤면 태양에서 오는 에너지가 지금보다 10퍼센트 늘어난다는 이야기다. 장기적으로 볼 때 태양에 의한 지구 온난화가 심해져 태양의 남은 수명 50억 년 동안 지구가 계속 살기 좋은 상태가 유지될 수 없다. 지구가 가장 뜨거웠을 때는 언제였을까? 물론 생성 초기였지만, 그 뜨거움을 느낄 수 있는 생명체가 존재한 이후로 생각해 보면, 5500만 년 전이다. 지질학자들은 이 시기를 '팔레오세-에오세 최고온기(Paleocene-Eocene Thermal Maximum, PETM)'로 부르는데 이산화탄소와 메테인 같은 온실 기체가 대기 중에 대량 방출되며 지구의 평균 온도가 5~8도나 상승했다. 남극과 북극의 모든 빙하가 녹아내렸으며, 알래스카에 열대 야자수가 자라고 북극해에서 악어의 조상이 헤엄쳤다. 그나마 견딜 만했던 양 극지방 이외의 곳, 특히 산소가 고갈된 바다에서 수많은 생명들이 멸종으로 사라졌다. 인류가 기후 변화에 제대로 대응하지 않는다면 곧 겪게 될 미래의 모습이기도 하다.

우주의 나이를 알게 되기까지

지금은 우주의 나이가 138억 년이고, 태양계와 지구의 나이는 그 3분의 1인 46억 년 정도라는 것을 알고 있다. 어떻게 그 오랜 시간을 거슬러 우주가 시작된 시간을 알아낼 수 있었을까?

1650년에 아일랜드의 대주교였던 제임스 어셔(James Ussher, 1581~1656년)가 성서의 내용을 면밀히 분석해서 기원전 4004년에 이 세상이 창조되었다고 주장했다. "빛이 있으라."가 약 6000년 전의 일이라는 것이다. 1715년에 핼리 혜성에 이름을 남긴 에드먼드 핼리(Edmund Halley, 1656~1742년)는 바다에 녹아 있는 소금의 총량과 매년 새로 유입되는 소금의 양으로 지구의 나이를 추정하려고 시도했다. 하지만 당시에 바다에 있는 모든 소금의 양이나 매년 유입되는 소금의 양을 알아낼 수가 없었다. 여러 사람들이 제각각의 추정으로 2500만 년부터 1억 5000만 년까지의 값을 주장했다. 이외에도 여러 지질학자들이 지층이 형성되는 시간을 추정해 300만 년~16억 년까지의 추정치를 제시했다. 1862년에는 물리학자 켈빈 경 윌리엄 톰슨(William Thomson, 1st Baron Kelvin, 1824~1907년)이 지구가 완전히 녹았다 현재의 온도까지 식는 시간으로 추정해 2000만 년에서 4억 년 정도일 것이라고 주장했다. 1913년에 지질학자 아서 홈즈(Arthur Holmes, 1890~1965년)는 방사성 동위 원소의 반감기를 이용한 연대 측정법으로 지구의 나이를 약 45억 년으로 계산했다. 거의 정확한 값이다.

지구를 넘어 우주의 나이를 추정할 수 있었던 것은 1929년 허블이 우주의 팽창을 발견하고 그 속도를 측정하고 나서부터 가능해졌다. 우주의 팽창 속도를 가리키는 허블 상수를 정확하게 구하기만 하면 역으로 우주가 한 점이 되는 시점을 계산해 낼 수 있다. 허블은 외부 은하까지의 거리를 실제보다 가깝게 생각했기 때문에 우주의 나이도 20억 년 정도로 잘못 계산했다. 이것은 당시에 알려진 지구의 나이보다도 작았고, 가장 오래된 구상 성단과 별의 나이가 120억~130억 년으로 추정되었기 때문에 뭔가 잘못된 것이 확실했다. 1958년에 앨런 샌디지(Allan Sandage, 1926~2010년)가 허블 상수를 다시 추정해 우주의 나이를 140억 년 정도로 계산했다. 현재와 비슷한 값이다.

　　허블 우주 망원경이 측정한 허블 상수로 추정한 우주의 나이는 137억 년이고, WMAP (Wilkinson Microwave Anisotropy Probe)이 우주 배경 복사를 측정해 얻은 값도 137억 년이었다. 그런데 2009년 발사된 위성 플랑크(Planck)가 우주 배경 복사에 대한 보다 정밀한 관측을 하고, 이것에 대한 분석 결과가 2013년에 나와서 우주의 나이는 138억 년으로 수정되었다. 플랑크의 관측 정밀도로 보건대 이 값은 더 이상 바뀌지 않을 것 같다.

우주의 역사 138억 년을 5분간 VR 영상으로 만나볼 수 있다.

안면도에 붙어 있는 작은 섬 황도에서 가장 높은 언덕 위에 자리잡은 당산나무. 뒤에 있던 나트륨 가로등의 노란 불빛으로 나무가 노랗게 물들었다. 안면도, 2004년.

선사 시대 인류는
하늘에서 무엇을 보았나?

대도시의 광공해에 찌든 하늘 말고, 정말 별이 쏟아지는 밤하늘 아래 있어본 적이 있는가? 그런 경험이 있다면 별들로 가득한 밤의 경이로움에 대해 굳이 설명하지 않아도 알 것이다. 사실 그 느낌을 말이나 글로 표현할 능력이 없다.

나는 전 세계의 별이 잘 보인다는 곳을 찾아다녔다. 그러다 보니 특별히 기억에 남는 곳을 이야기해 달라고 하면 머릿속이 분주해진다. 너무 많아서. 그중 한 곳이 서호주의 발라드 호수다. 말이 호수지 물을 볼 수 있는 것은 몇 년에 한 번 될까 말까다. 말라붙은 소금기가 눈에 보이는 지평선 끝까지 펼쳐져 있다. 퍼스 공항에서 내륙으로 1000킬로미터가 넘게 운전해서 가야하는 외딴 곳이다. 호주에서도 인구 밀도가 가장 낮은 지역 중의 하나인데, 이런 곳을 특별하게 만들어 준 것은 한 예술가의 작품이다.

2003년에 현대 미술가 안토니 곰리(Antony Gormley, 1950년~)가 말라붙은 소금 호수 바닥 곳곳에 호주의 원주민들을 형상화한 51개의 등신대 조각상을 만들어 세웠다. 어린이도 있고 여자, 남자, 노인 등 같은 것이 하나도 없다. 꽤 많은 숫자인데 호숫가로 걸어가면 서너 개가 눈에 띌 뿐이다. 거기서 다음 것을 찾아보면 저 멀리 아지랑이 속에 또 서너 개가 보인다. 다음 것까지 걸어가면 또 그렇게 반복되

낮에 본 발라드 호수. 아지랑이 너머로 조각상들이 띄엄띄엄 보인다.

고 처음 본 것이 저 멀리 희미하다. 각각의 거리가 100미터 정도나 되기에 51개를 다 찾아보는 것은 쉽지 않다. 그렇게 멀리 떨어져 있지만 각각의 상은 서로를 바라보고 있다. 현대인의 고독을 상징했다고.

이곳을 방문한 것은 2016년이다. KBS 「우주극장」 다큐멘터리를 촬영하기 위해 서호주를 3주 동안 돌아다녔다. 당시 초등학교 4학년이던 아들과 함께 출연하게 되어 세 식구가 다 같이 다녀와 더욱 잊지 못할 여행이었다. 35억 년 전 광합성으로 지구 대기의 산소를 처음 만들기 시작한 남세균들이 층층이 쌓여 자라난 스트로마톨라이트가 아직도 살아 숨 쉬고 있는 샤크 베이 해변, 그리고 그 산소들이 지구의 철 성분과 결합해 산화철로 퇴적된 수십억 년 전 지층을 볼 수 있는 카리지니 국립 공원, 2억 년 전 초거대 대륙에서 아프리카와 붙어 있던 호주가 떨어져 나온 뒤 양 지역에서 같이 볼 수 있는 바오밥나무가 펼쳐진 평원, 수십만 년 전에 떨어진 거대한 운석이 남긴 크레이터, 5만 년 전에 호주 대륙으로 건너온 원주민 애보리진이 남긴 암각화들, 50년 전 아폴로 계획에 사용된 전파 천문대. 아주 오래된 별빛과 우주를 이야기하기에 더 없이 좋은 곳들을 돌아다녔다.

호주는 너무 넓어서 촬영 일정은 한 마디로 '길 위의 인생'이었다. 하루 촬영하면 다음 장소까지 수백 킬로미터, 많게는 1000킬로미터가 훌쩍 넘는 거리를 달려가야 했다. 주유소를 만나면 무조건 가득 채워야 한다. 그렇지 않으면 다음 주유소를 만나기 전에 기름이 떨어질 수 있는 그런 곳이다. 숙소가 없어 텐트에서 자는 날도 있었다. 말 그대로 쏟아지는 별을 베고 눕는 경험이다.

발라드 호수의 등신대 조각상과 별을 같이 담으면 내 감정이 이입된다. 내가 바라본 밤하늘의 느낌을 저 조각상을 보며 같이 느끼게 된다. 우리는 그래도 과학의 힘으로 저 별이 무엇인지, 얼마나 멀리 있는지 어떻게 저렇게 빛을 내는지 알

보름달이 떠오르는 장면을 촬영하는 모습. 발라드 호수에는 KBS에서 방영했던 「우주극장」 다큐멘터리 촬영 때문에 당시 초등학교 4학년이던 아들과 함께 갔다.

◀ 발라드 호수에서 본 달과 은하수.

조각상 너머로 떠오르는 겨울철 별자리들. 화면 가운데 왼쪽에 별들이 오밀조밀 모여 있는 것이 플레이아데스 성단이고, 그 오른쪽 옆에 펴진 별무리가 히아데스 성단이다. 오른쪽 위로 보이는 오리온자리가 북반구에 보던 모습과 달리 거꾸로 서 있다.

고 있다. 그럼에도 불구하고 온 몸을 감싸오는 경이로운 느낌은 강렬하다.

옛 사람들은 하늘의 해와 달, 무수히 많은 별들과 은하수를 보며 과연 무엇이라고 생각했을까? 경외를 넘어 숭배의 대상이었을 것이다. 우리네 고인돌 천장에 새겨진 별자리들도 그렇고, 선사 시대 유적에는 별들을 새긴 것들이 심심찮게 나온다. 옛 사람들이 그것들이 무엇인지 알아내지는 못했지만, 어떤 규칙성을 깨닫고 신성시했다는 증거는 곳곳에서 발견되고 있다. 대표적인 것이 영국의 스톤헨지(Stonehenge)와 독일에서 발견된 네브라 하늘 원반(Nebra Sky Disk)이다.

스톤헨지

영국 런던에서 서쪽으로 솔즈베리 평원에 거대한 돌들이 무리 지어 서 있다. 돌 하나의 높이가 4미터가 넘고 무게가 25톤씩이나 나간다. 기원전 3100년~기원전 1100년에 건설되었으며 몇 차례에 걸쳐 추가 공사를 한 흔적이 보인다. 원형으로 배열된 돌들은 태양의 움직임과 관계가 있다. 이 장소에는 지배층으로 보이는 이들의 무덤이 같이 발굴되었다. 하늘을 읽는 것은 옛 사람들에게 신성한 일이었다. 이런 거석 문화는 스톤헨지 이외에도 비슷한 것이 여럿 남아 있다.

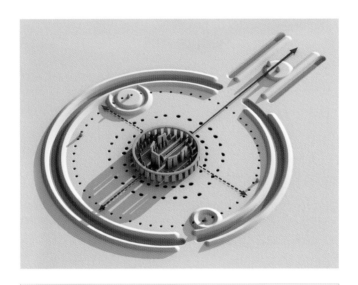

컴퓨터로 재현한 스톤헨지의 돌 배열 모습. 직선이 남북 방향이고, 점선이 동서 방향이다. 하지와 동지의 해 뜨는 위치를 정확하게 가리키는 돌들이 푸른색으로 표시되어 있다. 여러 해에 걸쳐 해가 뜨는 위치와 계절의 변화를 꼼꼼하게 관찰하고 돌의 위치를 조정해 얻은 결과일 것이다.

스톤헨지.

스코틀랜드 루이스 섬에 있는 컬러니시 거석. 스톤헨지와 비슷한 시기에 세워진 거대한 석조물이다. 돌 하나의 높이가 3~4미터나 된다.

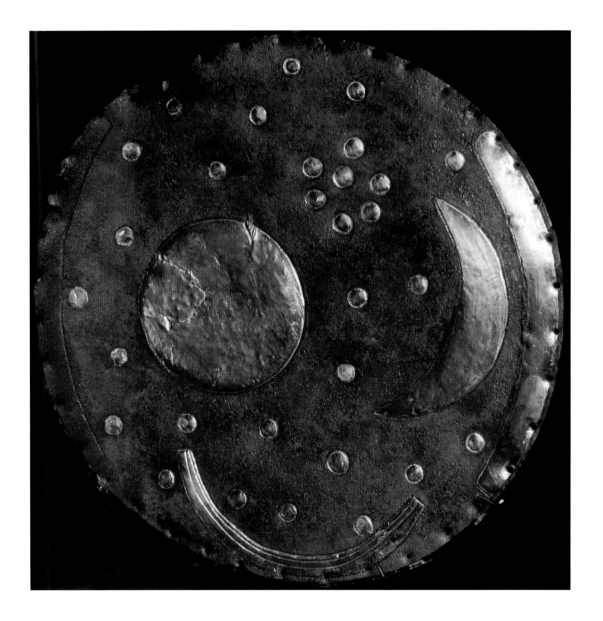

네브라 하늘 원반

1999년에 독일 중부 네브라 지역에서 발견된 유물이다. 도굴꾼들이 이를 팔기 위해 접근했던 대학 교수가 엄청난 물건임을 한 눈에 알아보고는 경찰에 신고했다. 이런 우여곡절 끝에 세상에 알려지고 유네스코 세계 기록 유산으로 등재되었다. 해와 달, 그리고 플레이아데스 성단으로 추정되는 별무리 등이 지름 약 30센티미터의 청동 원반에 금박으로 그려져 있는데, 제작된 시기를 밝혀 보니 지금으로부터 무려 3600년 전, 청동기 시대다.

　　　오른쪽과 왼쪽 가장자리에는 후대에 덧그린 것으로 보이는 원호가 있는데, 펼쳐진 각도가 82도로서, 이 원반이 발견된 지역의 동지와 하지의 해 뜨는 위치의 차이와 같다. 아래쪽의 작은 원호는 '태양의 배'로 추정되는데 고대 이집트 신화에 등장하는 것이다. 원반의 주재료인 구리는 오스트리아에서 난 것이고, 금은 영국에서 온 것이다. 문자도 없던 시기에 천문학적 관측을 수행하고 넓은 지역에 걸쳐 교역을 했다는 것을 알려 준다. 시대를 뛰어 넘은 유물, 즉 '오파츠(OOPARTS, out-of-place articles)'로 평가된다.

◀ 네브라 하늘 원반.

영화 제작 뒷이야기: 스톤헨지에서 발라드 호수까지

원래는 영화의 첫 장면을 스톤헨지에서 촬영하려고 했다. 고대 천문학에서는 하나의 상징과 같은 유명한 유적이니까. 촬영 허가를 받으려고 메일을 몇 번 보냈는데 답이 없었다. 결국 겸 사겸사 영국까지 직접 답사를 갔다. 런던 히스로 공항에서 렌터카를 빌려 한 시간 반을 달려 스톤헨지가 있는 시골 마을에 도착하니 밤 12시가 넘었다. 시차 때문에 잠도 안 오고 밤에 주 변 광해가 어떤지 보러 갔다. 구글 지도에서 본 것과 실제는 또 다를 수 있으니 말이다.

밤에도 야간 조명으로 휘황찬란하게 밝혀 놓은 경주 첨성대와는 달리 불빛도 하나 없 고 정말 주변에 아무것도 없었다. 양들 키우는 목초지가 끝도 없이 펼쳐진 곳이었는데, 도로에 서 바로 돌무더기가 보였다. 밤 1시가 넘었는데도 차들이 쌩쌩 달리는 도로에서 200미터밖에 떨어져 있지 않아 차량의 불빛이 계속 들어오는 데다, 안개가 껴서 촬영하기 쉽지 않겠다는 생 각이 들었다. 토머스 하디의 유명한 소설 『더버빌 가의 테스』 마지막 부분에 테스가 도망가다 잡히는 장소가 바로 스톤헨지인데, 그때도 안개가 자욱했다고 묘사되고 있다.

다음 날 낮에 가보니 유명 관광지답게 사람들이 많았다. 둘러보니 사진으로 본 것과는 달리 주변으로 울타리가 쳐지고 그 안으로 또 야트막한 전기 울타리까지 있었다. 울타리를 뽑 을 수도 없는 노릇이고 촬영에 걸리는 부분이 한두 가지가 아니다. 한참 멀리 있는 사무실에 찾아가서 촬영 허가 때문에 왔다고 그러니 심드렁하게 안내문을 하나 준다. 하루에 1000만 원이 넘는 돈을 내야 한다니 촬영에 악조건이란 악조건은 다 갖추고 있지만 이건 좀 결정적이 다. 주변에 아무것도 없어서 나들이 온 사람들이 돌 위에 앉아서 도시락 까먹는 사진들이 올라 오던 곳인데, 어느새 또 이렇게 바뀐 것이다. 우리나라 경주도 예전에는 왕릉 위에 올라가 미 끄럼 타고 놀던 시절이 있었는데 어디나 마찬가지인가 보다. 주변 환경이 급속도로 변하기 때 문에 찍고 싶어도 찍을 수 없게 된다.

결국 고대 인류가 바라보는 밤하늘에 사용할 영상은 서호주의 발라드 호수에서 촬영한 것을 사용하는 것으로 바꾸었다. 서정적인 음악에 풀벌레 소리까지 들어가니 눈물이 날 것 같은 아름다운 장면이 되었다. VR로 감상할 수 있지만 물론 천체 투영관에서 보는 것이 훨씬 좋다.

서호주 발라드 호수로 가상 현실 여행을 떠나자.

발라드 호수에서 조각상과 은하수. 달빛에 하늘이 파랗다.

가로등 불빛이 신비로운 분위기를 만들어 주었다.
경기도 마석, 1994년.

3 우주 창조의
신화들

옆 사진의 숲속에서 새어 나오는 빛이 뭔가 신비한 사건이 일어날 것 같은 분위기다. 저 불빛을 따라가 보면 금으로 만든 궤짝이라도 있어 그 안에 큰 알이라도 들어 있을 것 같지 않은가? 아니면 동방 박사라도? 이 사진은 1994년에 경기도 마석에서 촬영한 사진이다. 대학교 1학년 때인 1992년부터 사진을 찍기 시작했으니 한창 사진의 재미에 푹 빠져 있을 때라 이것저것 실험적인 시도를 많이 했다. 대학교 천문 동아리의 봄 관측회에서 새벽 즈음에 빠져나와 촬영한 것이다. 저 불빛의 정체는 가로등이고, 새벽에 올라오던 물안개가 빛 번짐 효과를 나타내 주었다. 알고 보면 뭐 대단한 게 아니지만, 저런 빛만 보고도 별별 상상을 할 수 있는 것이 인간이다. 멀고먼 옛날, 이해할 수 없었던 밤하늘의 신비로움은 수많은 이야기를 만들어 내기에 충분하고도 넘친다. 옛 사람들은 그들이 이해할 수 없었던 자연 현상에 대해 신화와 전설로 이야기하곤 했다. 고대의 문명마다 세상이 어떻게 만들어졌는지, 우리 인간은 어떻게 세상에 왔는지에 대한 이야기가 전해져 내려온다.

　고대 이집트에서는 이 세상이 나일 강의 암흑에서 시작되었다고 믿었다. 이 암흑 속에서 최초의 신, 아툼(Atum)이 스스로 탄생했다. 아툼은 다시 대지의 남신 게브(Geb)와 하늘의 여신 누트(Nut)를 낳았다. 이들로부터 여러 신들이 탄생하고

카이로의 이집트 박물관에 소장된 3000년 전의 파피루스 문서에 그려진 고대
이집트의 창조 신화. 하늘의 여신 누트의 몸에는 별이 그려져 있고 바닥에 땅의
남신 게브가 누워 있다. 그 사이를 떠받치고 있는 것은 공기의 신 슈(Shu)이다.

세계가 만들어졌다. 하늘의 신 누트는 매일 아침마다 태양을 낳고, 저녁이 되면 먹는다. 태양을 먹은 여신의 몸에는 별의 모양이 점점 나타난다고 한다. 이렇게 매일 낮과 밤이 찾아온다고 생각했다.

황허 문명, 즉 중국의 창조 신화는 알에서 시작한다. 태초에 이 세상은 검고 흐린 모습의 하나의 알이었다. 이 안에 있던 거인 반고가 거대한 도끼를 휘둘러 알을 깨어 버렸다. 이때 무거운 것들이 가라앉아 땅이 되었고, 가벼운 것들은 위로 치솟아 하늘이 되었다. 하지만 다시 뒤섞여 혼돈의 상태로 가려고 하자 반고는 땅을 딛고 서서 하늘을 손으로 받치고 서서 둘을 갈라놓았다. 이렇게 1만 8000년이 지나면서 하늘과 땅이 점점 벌어지기 시작했다. 반고의 눈물이 강이 되었고, 숨결은 바람이 되었다. 목소리는 천둥이 되고, 눈빛은 번개가 되었다. 마침내 반고가 늙어 죽을 때 그의 몸이 세상 만물로 변화했는데, 그의 몸에서 생겨난 구더기가 인간으로 변했다고 한다.

◀ 5000년 전 고대 인도인이 생각했던 세계를 그린 그림. 지리학자 튜넛 듀보테나이(Thunot Duvotenay, 1796~1875년)가 출판한 지리책의 삽화다. 머리가 꼬리를 물고 몸을 둥글게 감싼 커다란 뱀 위에 거북이가 있고, 그 위에 세 마리의 코끼리가 인간이 사는 세상을 떠받치고 있다.

영화 제작 뒷이야기: 이집트의 창조 신화

이야기를 영상으로 만들기 위해서는 먼저 기획 단계를 거친다. 4대 문명의 창조 신화들을 조사해서 그림이 될 만한 소재를 찾는다. 고대 자료가 가장 풍부하게 남아 있는 이집트를 선택했다. 영화 초반에 강한 인상을 주고 싶었다. 영상의 흐름을 신화 내용을 토대로 세 부분으로 나눠 시각화 작업에 들어갔다. 먼저 글로 써서 메일로 전달하고, 만나서 머릿속에 있는 화면 구성에 대해서 설명하고 제작한다. 이집트 문명의 수많은 자료들을 조사해서 집어넣었다. 예를 들면 오른쪽 그림에서 동굴에 꽃처럼 피어나는 별들이 불가사리 모양인것은 고대 이집트 사람들이 전통적으로 별을 그릴 때 사용하는 특징적인 방식인 '이집트의 별(Egyptian star)'이다. 실제 애니메이션 제작팀에 전달한 시나리오가 최종 영상에서 어떻게 바뀌었는지 비교해 보자.

　　　Part.1　검푸른 좁은 동굴 안. 별이 꽃처럼 흐드러지게 피어 있고. 태양을 실은 배가 앞으로 나아간다.(카메라는 배 뒤에서 쫓아간다.) 저 앞에 보이는 동굴 입구에서 빛이 들어오고, 동굴 입구에서부터 붉은 빛으로 물들어가며 동굴 벽의 별이 사라진다.

　　　Part.2　배가 동굴 밖을 나오면 붉은 빛이 가시고 낮이 된다.(여신의 몸 안을 나온 것이다.) 해가 뜨면 올라가듯이 동굴을 나온 태양의 배는 천천히 위쪽 앞으로 올라가고, 카메라는 그대로 정면으로 천천히 전진. 대지에는 남신의 모습을 따라 산맥과 평야와 나일 강이 흐르고, 피라미드, 스핑크스 등 이집트의 삼라만상들. 위쪽 하늘은 태양의 배 위로 푸르고 투명하게 보일 듯 말 듯한 여신의 이미지. 구름을 둘러도 될 듯. 정면에는 공기의 신 슈.

　　　Part.3　카메라는 공기의 신을 지나 계속 앞으로 전진. 앞쪽 바닥에는 대지의 남신의 얼굴. 언덕과 나무 등으로 형상화됨. 머리 꼭대기까지 올라갔던 태양의 배가 점점 고도를 내리며 저 앞에 멀리 거대하게 거꾸로 보이는 여신의 얼굴. 여신이 붉은 입술을 벌리고, 저 앞에서 붉은색으로 변해 가는 여신의 입 속으로 태양의 배가 들어가면, 여신의 몸은 검푸르게 변하며 별이 꽃처럼 피어난다.

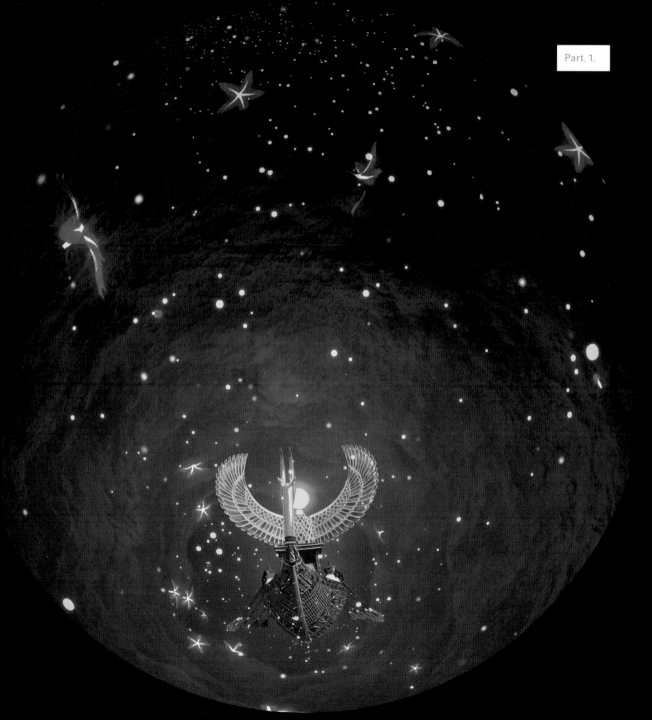

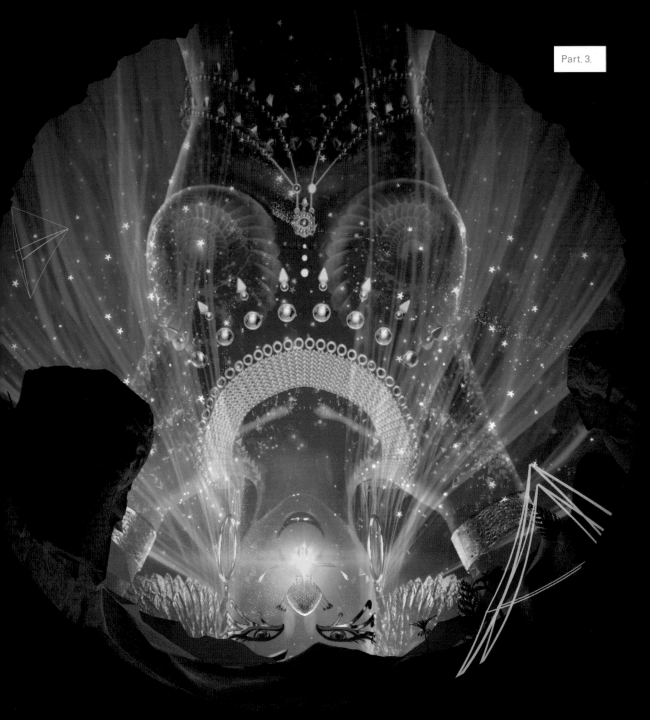

독도는 해저에서 솟아오른 큰 산이다. 물 위로 고개를 내밀고 있는 봉우리는 제법 많다. 가장 큰 동도와 서도를 포함해서 총 91개나 된다. 이중 북쪽으로 가장 멀리 떨어진 작은 바위 위에 올라가 하룻밤을 홀로 지새웠다. 독도 등대 불빛과 은하수가 보인다. 대한민국 독도, 2013년.

4 과학의 눈으로
우주를 보기 시작하다

나는 시골에서 자랐고, 사냥이나 낚시 같은 특이한 취미를 가진 아버지를 둔 덕에 밤에도 밖으로 돌아다니는 일이 많았다. 별똥별도 숱하게 봐서 별들과 친할 것 같지만 처음부터 그렇지는 않았다. 밤하늘에 떨어지는 별똥별을 볼 때마다 똑같은 소원을 빌었지만 들어주지 않아서 그랬는지도 모른다. 아무튼 시골에는 별 말고도 벌레나 새처럼 보다 가까이에 있는 관심거리들이 많았다.

별에 빠지게 된 건 고등학교 때 『이태형의 별자리 여행』을 접하고 나서다. 대한민국 최초의 별자리 안내서로 당시 최고의 베스트셀러 중 하나였다. 북두칠성을 아는 체하는 친구 녀석 때문에 같이 책을 사서 밤하늘을 보기 시작했는데, 책에서 본 별자리들이 밤하늘에 진짜로 있었다. 당시만 해도 밤늦게까지 학교에 잡혀서 자율(?) 학습을 하던 시절이다. 쉬는 시간마다 친구들과 운동장에 별을 보러 나갔다. 가을철 별자리에서 시작해서 봄, 겨울 다시 한바퀴를 돌아 가을철 별자리까지. 다시 맞이한, 새벽에 동쪽에서 떠오르던 남쪽물고기자리의 1등성 포말하우트(Fomalhaut)는 가장 아름다운 모습으로 기억에 남아 있다.

누구라도 별에 관심을 가지고 보면 하룻밤에도 어떤 규칙성을 찾을 수 있다. 이를테면 동쪽에서 떠서 천천히 움직여서 서쪽으로 진다거나, 북쪽 하늘의 별들

그리스 안티키티라 섬 해안에 난파된 고대 그리스 배 안에서 발견되었기에 안티키티라 기계 (Antikythera mechanism)라고 불린다. 두꺼운 백과사전 크기의 이 기계에는 수십 개의 톱니바퀴가 서로 연결되어, 달과 태양의 위치를 추적하고 일식을 예측할 수 있었다고 한다.

은 어떤 별을 중심으로 빙글빙글 돈다거나 하는 것들 말이다. 그리고 해가 바뀌어 같은 계절이 오면 같은 별무리들이 나타난다는 것도 알게 된다. 그리 어렵지 않다. 고대의 우리 조상들에게도 마찬가지였을 것이다. 밤하늘을 관측한 결과가 쌓이고 쌓이자 신화가 아닌 과학의 눈으로 이 세상을 이해하려는 사람들이 나타나기 시작했다. 밤하늘의 규칙성을 알게 되고, 이 규칙성을 바탕으로 예측을 할 수 있게 된 것이다. 또 관측 기술이 발전하면서 예측과 미묘하게 다른 결과에 대해서 보다 정확한 우주의 모습을 그려 내려는 시도가 반복되었다.

특히 고대 그리스에서는 많은 선각자들이 있어 천문학이 놀라운 수준에 이르렀다. 현재 사용되고 있는 88개의 별자리 중 북반구에서 보이는 대부분의 별자리들이 이때 만들어진 것이다. 탈레스(Thales of Miletus, 기원전 624~546년)는 기원전 585년의 일식을 예측했다고 한다. 역사가 헤로도투스(Herodotus, 기원전 484~425년)의 기록이 맞다면 이것은 최초의 일식 예측이다. 아리스타르쿠스(Aristarchus of Samos, 기원전 310~230년)는 월식을 이용해서 지구에서 달까지의 거리가 지구 크기의 35배 정도라고 계산했다. 현대 과학으로 측정한 값인 30배에 매우 근접한 수치다. 또한 놀라운 직관으로 태양을 중심으로 지구를 비롯한 행성들이 돌고 있다는 지동설을 최초로 주장하기도 했다. 히파르코스(Hipparchus, 기원전 190~120년)는 삼각법으로 거리를 측정하는 방법을 개발했고, 별의 목록을 만들어 정리했으며, 지구의 자전축이 천천히 이동한다는 사실, 즉 세차운동을 발견했다. 에라토스테네스(Eratosthenes, 기원전 274~196년)는 지구상의 두 지점에서 하지에 해가 드리우는 그림자의 차이를 통해 지구의 크기를 측정했다. 이외에도 아르키메데스(Archimede, 기원전 287?~212년), 유클리드(Euclid, 기원전 330~275년), 피타고라스(Pythagoras, 기원전 580?~500?년)와 같은 걸출한 수학자들이 있었다. 이때의 과학 기술이 어느 정도 수준이었는지 1902년에 그리스 앞바다의 난파선에서 발견된 안티키티라 기계의 정교함에서 엿볼 수 있다.

그리고 인류는 궁극의 질문에 답을 만들기 시작했다.

우주는 과연 무엇인가?

Schema huius præmissæ diuisionis Sphærarum.

아리스토텔레스의 우주론을 나타낸 그림. 지구를 중심으로
달, 수성, 금성, 태양, 화성, 목성, 토성 순으로 배열되어 있다.

아리스토텔레스의 우주론

고대로부터 사람들은 하늘에서 빛을 내는 것들에 대해서 궁금해 했다. 해, 달, 행성들, 그리고 무수히 많은 별들. 기원전 4세기의 고대 그리스의 철학자 플라톤(Platon, 기원전 427~347년)은 지구를 중심으로 하는 완전하고 질서정연한 우주를 생각했다. 그의 제자인 아리스토텔레스(Aristotle, 기원전 384~322년)는 이를 발전시켜 지구를 중심으로 태양과 달 그리고 행성들이 여러 겹의 투명한 천구에 박혀 움직이고 있다고 생각했다. 이 신성한 우주는 천계의 것으로 영원 불변하다 믿었다.

르네상스 시대의 화가 라파엘로가 그린
「아테네 학당(The School of Athens)」에 묘사된
플라톤(왼쪽)과 아리스토텔레스(오른쪽).

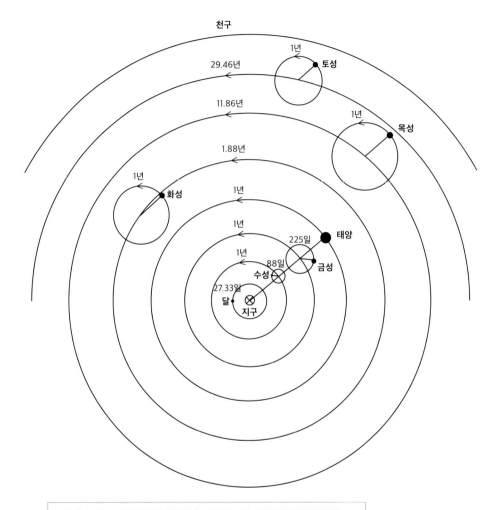

프톨레마이오스의 체계화된 천동설을 나타낸 그림. 매우 복잡하긴 했지만 눈에 보이는 행성들의 움직임을 잘 설명할 수 있었다. 지구를 중심으로 수성과 금성의 내행성은 태양을 잇는 선을 중심으로 작은 원을 그리고, 화성, 목성, 토성은 자기 궤도에서 다시 원을 그리며 움직인다.

그런데 밤하늘을 실제로 관측해 보면 가장 골치 아픈 것들은 행성이었다. 눈에 보이는 다섯 행성들, 수성, 금성, 화성, 목성, 토성은 별과 같이 움직이지 않았다. 심지어 화성은 뒤로 돌아가는 역행을 하기도 했다. 수성과 금성도 태양 주위에서만 왔다갔다하는 움직임을 보였다. 기원전 3세기 무렵의 아폴로니우스(Apollonius of Perga, 기원전 262~190년)는 행성의 이런 불규칙한 움직임을 설명하기 위해서 주전원의 개념을 생각해 냈다. 행성이 단순한 원운동이 아니라 원 위의 점을 중심으로 하는 또다른 작은 원 위를 움직이는 것이다. 이로써 행성의 움직임을 매우 복잡하게나마 설명할 수 있게 되었다. 또한 수성과 금성은 지구와 태양을 이은 선과 만나는 점을 중심으로 다시 작은 원을 그린다고 설명했다. 이로써 수성과 금성이 태양에서 멀어지지 않는 이유도 설명할 수 있었다.

그런데 관측을 정밀하게 할수록 이론적으로 예측한 위치와 실제 위치가 다르다는 것을 알게 되었다. 그래서 이심원이라는 개념도 생긴다. 행성들이 지구의 중심이 아니라 지구의 중심에서 약간 떨어진 위치를 중심으로 돈다는 것이고, 이 중심도 지구의 중심을 중심으로 돌고 있다는 것이다. 말도 하기도 이렇게 복잡한데, 이렇게 중심에, 중심에, 또 그 중심에 원을 몇 개씩이나 겹쳐야 행성들의 움직임을 예측할 수 있었는데, 이런 원들의 수가 80개에 달했다고 한다.

이런 복잡한 밤하늘의 원리에 통달하고 집대성한 클라우디오스 프톨레마이오스(Claudius Ptolemaeus, 100~170년)의 책 『천문학 집대성』은 이슬람으로 전해져 '가장 위대한 것'을 뜻하는 아랍 어 제목인 『알마게스트』로 더 알려져 있다. 매우 복잡했지만 이로써 인류는 밤하늘의 규칙을 알게 되었다. 일식과 월식도 예측할 수 있었다. 이후 약 1500년 동안 그의 이론은 절대적인 것으로 신봉되었다.

화성의 역행을 촬영한 사진. 5~9일 간격을 두고 같은 지역의 밤하늘을 촬영한 것이다. 화성의 위치가 조금씩 이동한 것을 볼 수 있는데, 일정한 간격과 방향으로 움직이는 것이 아니라, 심지어 가던 방향에서 다시 뒤로 갔다가 다시 앞으로 가는 것을 볼 수 있다. 터키에 살고 있는 TWAN 멤버인 툰츠 테젤(Tunc Tezel)이 촬영했다. 날씨 좋은 동네에 살아야만 가능한 사진이다.

5 지동설과
과학 혁명의 시작

1980년에 전 세계에서 방영되어 화제가 된 13부작 다큐멘터리 「코스모스」를 기획, 제작하고 직접 출연한 이가 칼 세이건(Carl Sagan, 1934~1996년)이다. 방송 후 책으로도 나온 『코스모스』는 별 좀 본다는 사람들에게는 필독서이다. 국내에서도 천문학자 홍승수 선생님이 번역해서 많은 사랑을 받았다. 2014년에 이 걸작 다큐멘터리를 새로 만들었는데, 원작과 구별하기 위한 부제(A Spacetime Odyssey)가 붙어 있다 보니, 내 영화의 제목인 「코스모스 오디세이」와 너무 비슷하다. 어쩌겠나, 둘 다 우주의 대 여정에 대한 이야기인 것을. 게다가 여러 번 봤던 책 『코스모스』와 다큐멘터리 「코스모스」가 내 영화 「코스모스 오디세이」의 밑바탕이 된 것은 두말할 나위가 없다.

　새로 만든 「코스모스」 다큐멘터리도 총 13편인데 그중 첫 편이 조르다노 브루노(Giordano Bruno, 1548~1600년)의 이야기다. 그는 지구가 태양을 중심으로 돌고 있다고 주장했다. 그리고 밤하늘의 수많은 별들이 다 태양이고 각각 지구와 같은 세상을 거느리고 있다고 믿었다. 지금은 전혀 이상하지 않은 이야기지만 당시에는 신성모독이었다. 수년간 감금되어 모진 고문을 당하고 종교 재판 끝에 화형으로 생을 마감했지만 그 믿음을 버리지 않았다.

니콜라스 코페르니쿠스(Nicolaus Copernicus, 1473~1543년)가 지동설을 조심스럽게 이야기하고 나서도, 1500년 동안 진리로 믿어져 왔던 지구 중심의 우주론이 바뀌어 가는 과정은 순탄하지 않았다. 인간이 일상 생활에서 지구가 움직인다는 것을 경험할 수 없었기 때문에 태양이 아니라 지구가 돌고 있다는 사실을 믿는다는 것은 쉬운 일이 아니었다. 또한 처음 코페르니쿠스가 주장한 지동설은 행성들이 타원이 아닌 원 궤도를 도는 것이어서, 때로는 천동설보다 오차가 컸다. 요하네스 케플러(Johannes Kepler, 1571~1630년)가 행성의 운동이 원운동이 아니라 타원운동임을 밝혀 수학적으로 지동설을 완성한 뒤에야 행성들의 위치를 정확하게 예측할 수 있었다. 갈릴레오 갈릴레이(Galileo Galilei, 1564~1642년)는 관측을 통해 금성의 위상 변화와 목성의 위성을 발견해 지동설의 증거를 제시했고, 마침내 아이작 뉴턴(Isaac Newton, 1643~1727년)은 만유인력의 법칙을 통해 행성들이 왜 그렇게 움직이는지에 대한 해답을 제시했다.

　　가설을 세우고, 그 이론에 따라 예측된 값과 실제 관측한 행성의 위치를 비교해서 검증하는 과정을 수없이 거치고, 많은 과학자들이 보완한 것이다. 이렇게 16~17세기 과학계에는 엄청난 발전이 있었고, 그뿐만 아니라 연구 과정에서도 실험과 검증 등의 과학적인 접근 방법을 사용하게 되면서 근본적이고도 커다란 변화가 일어났다. 이를 '과학 혁명' 또는 '코페르니쿠스 혁명'이라고 부른다. 이 혁명의 고비를 살아갔던 과학자들의 이야기를 들어보자.

니콜라스 코페르니쿠스

코페르니쿠스는 주전원이나 이심원과 같이 복잡한 우주 체계가 조화로운 신의 섭리와 맞지 않는다고 생각했다. 그는 단순하면서도 완전한 우주를 생각했다. 이런 우주가 되려면 지구가 아니라 태양이 중심이어야 했다. 하지만 조심스러웠던 그는 죽기 직전에야 『천구의 회전에 관하여』를 출간해 태양을 중심으로 지구를 비롯한 행성들이 원운동을 하고 있다는 지동설을 주장했다. 이로써 주전원이나 이심원 같은 복잡한 구조 없이도 우리가 보는 우주를 간단하게 설명할 수 있게 되었다. 이런 혁명적인 생각이 바로 받아들여진 것은 아니다. 그의 책은 1611년 카톨릭 교회에 의해 금서 목록에 추가되기도 했다. 브루노와 같이 목숨을 잃은 사람도 있다. 하지만 프톨레마이오스의 우주 모형에 비해 행성의 위치를 계산해 내는 것이 훨씬 간단했기 때문에 점점 널리 사용되기 시작했다.

코페르니쿠스.

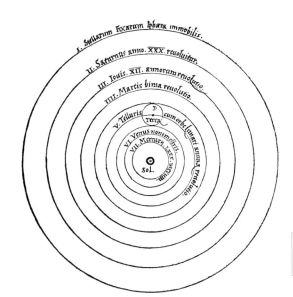

코페르니쿠스의 지동설을 나타낸 『천구의 회전에 관하여』 삽화.

플라마리온 판화.

천동설과 지동설을
VR로 느껴 보자.

영화 제작 뒷이야기: 천동설과 지동설

평평한 지구와 천구에 박혀 돌아가는 별, 중세의 수도자는 땅 끝에서 하늘과 지구가 만나는 지점을 발견했다고 말한다. 중세의 천동설 우주론을 상징하는 대표적인 이미지다. 원본 이미지는 작자 미상으로 1888년에 프랑스 천문학자 카밀 플라마리온(Camille Flammarion)의 책에 처음으로 수록되어 '플라마리온 판화(Flammarion engraving)'로 불린다. 이 이미지를 차용해서 천동설 지구의 이미지를 만들었고, 이 우주론을 만든 플라톤, 아리스토텔레스, 프톨레마이오스를 등장시켰다. 그리고 시간이 흘러 코페르니쿠스가 이 수도자의 모습으로 등장해서 천구에 작은 구멍을 내고 그 밖의 진짜 우주를 알게 된다는 내용으로 구성했다. 그 작은 구멍에서 생긴 금이 점점 커져서 결국 천동설의 천구는 폭삭 주저앉는다.

튀코 브라헤.

튀코 브라헤

튀코 브라헤(Tycho Brahe, 1546~1601년)는 별과 행성들의 정확한 위치를 측정하는 것으로 유명했다. 그는 벽에 고정된 거대한 사분의를 이용했다고 한다. 그의 관측 자료들은 사후 요하네스 케플러에게 전해져 지동설을 완성하는 데 필요한 기초 자료가 되었다. 튀코 브라헤는 1572년에 카시오페이아자리에서 초신성을 발견해 14개월 뒤에 희미해져 보이지 않게 되기까지의 관측 기록을 책으로 출판했다. 새로운 별이 생겨났다 없어진 이 사건은 전통적으로 믿어온 우주는 영원불변하다는 아리스토텔레스 우주관이 깨지는 계기가 되었다. 그는 또한 혜성을 관측해서 그때까지 믿어 왔던 것처럼 대기권 내에서 일어나는 기상 현상이 아니라 더 먼 우주에서 나타나는 현상임을 알아냈다.

튀코 브라헤가 사분의로 별의 위치를 측정하는 모습.

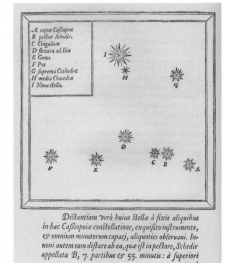

1572년의 초신성 발견 기록.

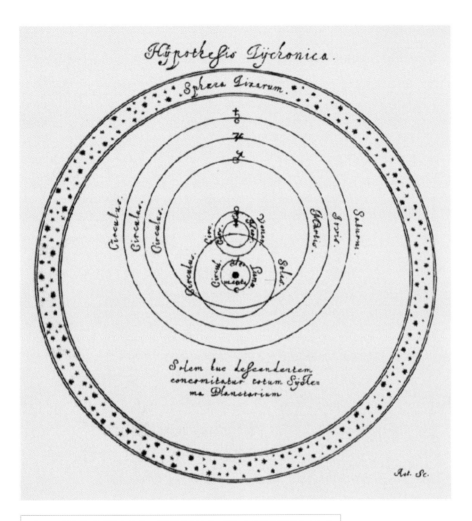

튀코 브라헤가 생각했던 우주. 지구를 중심으로 태양과 달이 돌고 있는데, 수성, 금성, 화성, 목성, 토성의 행성들은 태양을 중심으로 돌고 있다. 지구만 가운데로 고정되어 있을 뿐 사실상 지동설과 별로 다르지 않다.

요하네스 케플러.

요하네스 케플러

케플러는 수학에 뛰어난 천문학자였다. 그는 일찍이 갈릴레오의 망원경에서 오목 렌즈로 되어 있던 접안부를 볼록렌즈로 바꾸어 더 넓은 시야를 볼 수 있게 개선 했다. 상하좌우가 뒤집히지만 천체를 관측하는 데에는 문제가 없었다. 케플러는 정확한 관측으로 이름이 높았던 튀코 브라헤의 조수로 일하게 되었는데, 1년 만 에 그가 죽으면서 평생에 걸친 관측 자료를 물려받았다. 케플러는 이 자료를 바탕 으로 행성의 궤도를 정밀하게 계산하는 작업을 했다. 요즘 같으면 컴퓨터로 금방 할 수 있겠지만 그는 8년 동안 70번이나 계산을 해 봤다고 한다. 결국 그는 행성 궤도가 원이 아니라 타원이라는 것을 알아냈다. 그리고 행성 궤도는 같은 시간에 같은 면적을 쓸고 지나간다는 것을 알아냈다. 즉 태양에 가깝게 접근하면 빨리 돌 고 행성이 태양에서 멀어지면 천천히 움직인다. 이로써 사람들이 이해할 수 없었 던 행성의 움직임이 수학적으로 명확하게 밝혀졌다.

케플러는 어린 시절 에 1577년의 대혜성 을 봤다. 6세 소년이 천문학에 흥미를 가 지게 된 사건이었을 것이다.

케플러는 다음과 같이 세 가지 법칙을 발표했다.

1. 행성은 태양을 한 초점으로 하는 타원 궤도를 그리면서 공전한다.

2. 행성과 태양을 연결하는 가상적인 선분이 같은 시간 동안 쓸고 지나가는 면적은 항상 같다.

3. 행성의 공전 주기의 제곱은 궤도의 긴 반지름의 세제곱에 비례한다.

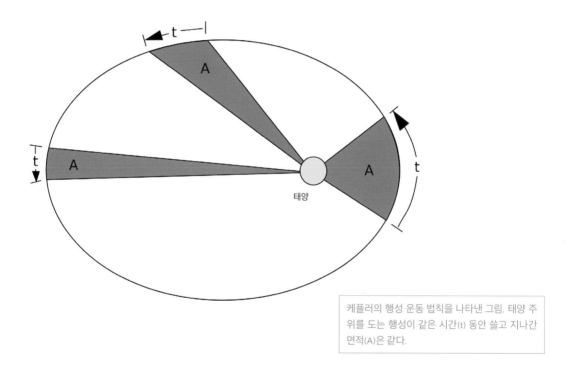

케플러의 행성 운동 법칙을 나타낸 그림. 태양 주위를 도는 행성이 같은 시간(t) 동안 쓸고 지나간 면적(A)은 같다.

갈릴레오.

갈릴레오 갈릴레이

갈릴레오는 실험을 중시하는 과학적 연구 방법으로 근대 과학의 아버지로 불린다. 아리스토텔레스 이후로 무거운 것이 먼저 떨어진다고 믿어져 왔으나, 실험으로 형태가 같으면 동시에 떨어진다는 것을 증명한 것이 유명한 예다. 1609년, 망원경이 발명되었다는 소식을 듣고 갈릴레오도 직접 망원경을 만들었다. 그가 바라본 대상은 하늘이었다. 이때부터 천문학의 새로운 시대가 시작되었다. 드디어 눈이 아닌 망원경으로 바라보게 된 것이다. 달이 이상적인 형태가 아닌 수많은 크레이터로 뒤덮여 있는 모습이었고, 태양도 완전한 구가 아니라 흑점이 있었다. 갈릴레오는 흑점을 계속 관측해 위치가 조금씩 이동해 뒤로 돌아갔다가 다시 나타나는 것을 보았다. 이로써 태양도 자전한다는 것을 알아냈다. 은하수가 헤아릴 수 없이 많은 작은 별들이 모인 것이라는 것 알게 되었다. 목성의 네 위성도 발견했는데, 지구를 중심으로 돌지 않는 천체의 발견은 모든 천체가 지구를 중심으로 돌고 있다는 전통적 우주론을 무너뜨리는 계기가 되었다. 또한 금성을 관측했는데 달처럼 위상이 변하는 것을 발견했다. 이는 지동설이 아니면 설명할 수 없는 현상이었다.

갈릴레오의 망원경.

갈릴레오가 망원경으로 달을 보고 남긴 스케치. 하늘의 달은 완벽한 천체라고 믿었는데 망원경으로 보니 여기저기 패인 구덩이가 많은 '평범한' 지형이었다.

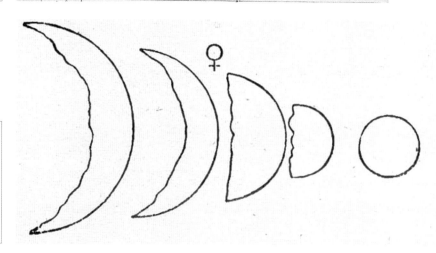

갈릴레오가 목성의 네 위성을 관측하고 남긴 스케치. 날짜별로 목성 주위의 위성의 위치가 표시되어 있다.

갈릴레오가 금성의 변화를 관측하고 남긴 스케치. 금성의 크기와 위상이 변하는 것은 금성이 태양을 중심으로 돈다는 증거였다.

아이작 뉴턴

대과학자 뉴턴은 물리학뿐만 아니라 광학과 천문학에도 많은 기여를 했다. 그는 렌즈가 아니라 오목거울을 이용하는 반사 망원경을 최초로 만들었다. 지금도 대형 망원경의 기본 구조는 그가 만든 형태를 따르고 있어서 뉴턴식 망원경이라고 불린다. 나무에서 떨어지는 사과를 보고 중력을 깨달았다고 하는데, 바로 만유인력의 법칙이다. 이로써 인류는 사과가 왜 땅에 떨어지는지부터 행성들이 태양을 중심으로 어떻게 움직이는지까지, 그 원리를 이해할 수 있게 되었다.

아이작 뉴턴.

1668년에 제작한 그의 첫 번째 반사 망원경의 복제품. 오목거울을 이용해서 만들었기에 렌즈를 이용하는 굴절 망원경에서 생기는 색수차가 발생하지 않는다.

영화 제작 뒷이야기: 초기의 망원경

누가 망원경을 처음 만들었는지는 확실하지 않다. 망원경에 대한 특허를 최초로 신청했던 것은 1608년 네덜란드의 안경 제조공인 한스 리퍼세(Hans Lipershey)였다. 하지만 이미 상당기간 망원경에 대한 소문이 있었고 최초의 발명자라고 주장한 사람이 여럿이어서 특허는 받아들여지지 않았다.

　　천문학에서 망원경을 최초로 이용한 것은 1609년 갈릴레이였다. 이후 케플러는 대안렌즈를 오목렌즈에서 볼록렌즈로 바꾸어 더 넓은 시야를 갖도록 개선했다. 아이작 뉴턴은 렌즈 대신에 오목거울을 이용하는 반사 망원경을 최초로 만들었다. 오늘날의 천문대에서 사용하는 대형 망원경들은 모두 기본적으로 뉴턴이 만든 형태를 기초로 하고 있다. 「코스모스 오디세이」에서는 초기 망원경의 역사를 공간감이 느껴지도록 팝업북의 형태를 차용해서 3D 애니메이션으로 제작했다.

갈릴레오가 만든
굴절 망원경.

케플러가 개선한
굴절 망원경.

뉴턴이 만든
반사 망원경.

금성식. 달이 금성을 가리는 흔치 않은 현상을 촬영했다. 달 옆에 작은 점이 금성
인데, 거리가 가까워지다 사라지고 다시 나타나는 것을 볼 수 있다. 우리나라에서
는 2063년까지 기다려야 이 현상을 다시 볼 수 있다. 강원도 함백산, 2012년.

6   망원경과 새로운 발견들

망원경으로 밤하늘을 관측하는 시대가 열리면서, 이제까지 눈으로는 보이지 않던 많은 것들이 발견되기 시작했다. 1781년에 18~19세기의 위대한 천문학자 중 하나였던 윌리엄 허셜(William Herschel, 1738~1822년)이 천왕성을 발견했다. 이제 사람들은 지구 이외의 태양계의 행성이 수성, 금성, 화성, 목성, 토성의 눈에 보이는 5개가 전부가 아니라는 것을 알게 되었다. 그리고 미지의 행성들을 찾기 위한 경쟁이 시작되었고, 1846년에 해왕성이, 1930년에 명왕성이 차례로 발견되었다. 이외에도 수많은 소행성과 혜성들이 발견되면서 인류가 알고 있는 태양계가 점점 커지기 시작했다.

그뿐이 아니었다. 정체를 알 수 없는 희미한 천체들이 밤하늘 곳곳에서 발견되기 시작했다. 샤를 메시에(Charles Messier, 1730~1817년)는 많은 혜성을 발견했는데, 혜성과 이런 희미한 천체들을 구분하기 위해 100여 개의 목록을 만들었다. 이것이 지금도 아마추어 천문가들이 즐겨 관측하는 메시에 목록이다.

독일 출신으로 영국에 건너가서 처음에는 음악가로 활동하다 천문학자가 된 허셜은 온 가족이 천문학자였던 것으로 유명하다. 그는 1786년에 동생인 캐롤라인 허셜(Caroline Herschel, 1750~1848년)의 도움으로 이런 희미한 대상들 1000개의 목록

월리엄 허셜이 천왕성을 발견하는 데 사용한 7인치 반사 망원경의 복제품. 원본은 영국 과학박물관에서 볼 수 있다.

을 정리해 발간했다. 이 목록은 2500개까지 늘어났으며, 나중에 그의 아들인 존 허셜(John Herschel, 1792~1871년)이 이것을 확대한 목록을 다시 출간했는데 여기에는 5079개나 되는 대상이 수록되어 있었다. 캐롤라인 허셜은 오빠의 일을 도와주다 천문학에 빠져 8개의 혜성과 11개의 성운을 발견했다. 존 허셜도 천문학과 사진 분야에 이름을 남겼다. 여기에 존 루이스 에밀 드레이어(John Louis Emil Dreyer, 1852~1926년)가 다른 많은 천문학자들이 발견한 천체들을 추가해 총 7840개의 대상을 수록한 뉴 제너럴 카탈로그(New General Catalogue)를 발간했는데, 이것이 지금도 많이 사용하는 NGC 목록이다.

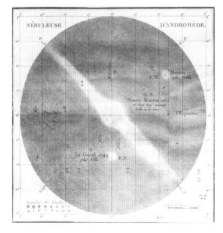

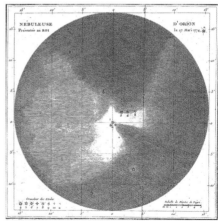

샤를 메시에가 목록에 남긴 스케치. M31 안드로메다 은하(왼쪽)와 M45 오리온 대성운(오른쪽)이다.

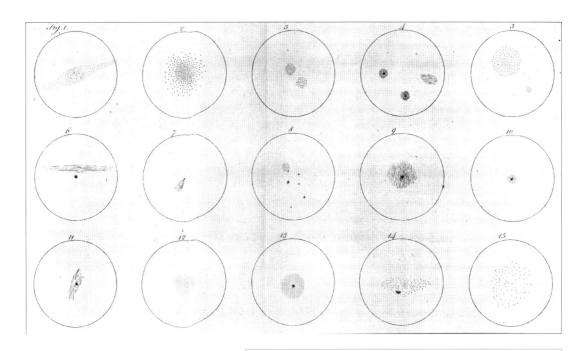

윌리엄 허셜이 남긴 희미한 천체들의 여러 가지 유형에 대한 스케치들. 당시에는 이게 무엇인지 알 수 없었기에 희미한 구름이라는 뜻의 성운(nebula)으로 불렀다. 이후 은하, 성운, 성단 등으로 구분되게 된다. 아직도 당시의 관습으로 불리는 대상들이 있다. 남반구에서 보이는 우리 은하의 위성 은하인 대마젤란 은하와 소마젤란 은하가 대마젤란운(Large Magellanic Cloud, LMC)과 소마젤란운(Small Magellanic Cloud, SMC)으로 불리는 것이 대표적이다.

윌리엄 허셜이 생각한 우주. 허셜은 온 하늘을 여러 구획으로 나누어 각각에 분포하는 별들의 개수를 세어 우리 우주의 형태를 알아내려고 했다. 그래서 우리 우주는 납작한 원반처럼 생겼고 우리 태양계는 그 중간쯤에 있다는 결과를 얻었다. 당시에는 별들까지의 거리를 측정할 기술이 없었기 때문에, 모든 별의 절대 밝기는 같고 거리에 따라 멀리 있는 것은 희미하게 보이고 가까운 별은 밝게 보인다고 가정해 우주의 모습을 추정했다. 이런 잘못된 가정 때문에 태양계의 위치를 잘못 구하기는 했지만 우리 은하의 전체 형태는 상당히 비슷하게 추측할 수 있었다.

은하의 나선팔을 보기 위한 망원경의 크기는?

밤하늘의 매우 희미한 성운, 성단, 은하와 같은 대상들은 사진으로는 장시간 노출로 빛을 축적해서 선명한 이미지를 얻을 수 있다. 하지만 눈으로 보면 무척 희미해서 형체를 구분할 수 없기에 그저 구름 같은 것이라고 부를 수밖에 없다. 사진이 발명되기 이전에는 보다 선명하게 보려면 망원경의 크기를 키워서 빛을 더 모으는 수밖에 없었다. 그래서 점점 더 큰 망원경을 만들게 된다.

별을 보는 사람들은 나선팔이 선명하게 보이고 위성 은하를 거느린 일명 소용돌이 은하(whirlpool galaxy)가 친숙할 것이다. 사냥개자리에서 볼 수 있는 은하인데, 메시에가 1773년 10월 13일에 처음으로 발견해 그의 목록에 51번으로 올려서 M51이 되었다. 그가 사용한 것은 구경이 9센티미터가 채 안 되는 작은 굴절 망원경으로, 별 하나 안 보이는 너무나 희미한 구름 같은 것이라고 기록을 남겼다.

망원경 제작자 존 돌론드(John Dollond, 1706~1761년)가 제작한 4인치(10센티미터) 굴절 망원경. 메시에가 M51을 발견할 때 사용한 망원경도 돌론드가 만든 것으로 이보다 약간 작은 크기이다.

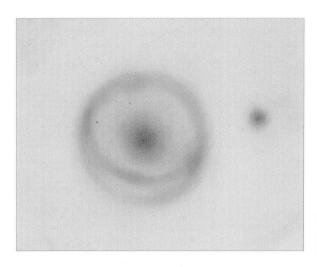

1833년에 존 허셜이 아버지와 함께 만든 길이 6미터, 구경 45센티미터인 커다란 반사 망원경으로 M51을 관측해 희미한 고리 형태와 그 옆에 붙어 있는 희미한 무언가를 보고 스케치로 남겼다.

윌리엄 허셜과 존 허셜이 만든 망원경 중 M51의 스케치를 남길 때 사용한 망원경. 윌리엄 허셜은 평생 400개가 넘는 망원경을 만들었다. 그중 가장 큰 것은 구경이 1.2미터에 달한다. 불행히도 그 망원경으로는 M51을 관측한 적이 없다. 만약 관측했다면 그가 발견한 수많은 것들 중에 소용돌이 나선팔도 추가되었을 것이다.

1848년 윌리엄 파슨스(William Parsons, 1800~1867)가 남긴 M51의 스케치.

파슨스는 부유한 귀족 로즈 3대 백작이었고 그가 만든 대형 망원경은 19세기 최대의 망원경이었다. 구경 1.8미터에 달하는 이 거대한 '파슨스타운의 괴물(Leviathan of Parsonstown)'이 나오고서야 M51의 소용돌이 나선팔을 볼 수 있었다.

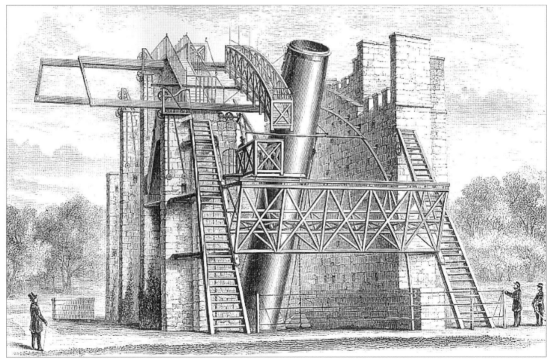

구경 10센티미터 망원경으로 촬영한 M51의 사진이다. 장시간 노출로 빛을 축적해, 구경이 1.8미터나 되는 '파슨스타운의 괴물'을 통해 눈으로 보고 그린 스케치보다 훨씬 자세한 세부를 보여 준다.

천체 사진과 스펙트럼 분석

천체 사진은 망원경의 발명에 이어 천문학에 있어서의 또다른 혁명이었다. 빛을 장시간 모아서 축적한 사진은 눈으로 본 것보다 훨씬 자세한 세부를 보여 주었다. 메시에가 발견한 M51의 예를 보아도 맨눈으로는 더 큰 망원경이 있어야 간신히 세부를 볼 수 있었다. 이제 작은 망원경으로도 장시간 노출을 주면 훨씬 선명한 이미지를 얻을 수 있다.

작은 구멍을 통과한 빛이 상을 맺는 현상에 대해서는 기원전부터 알려져 있었다. 중국에서는 묵자(기원전 470?~391?년)가 이를 이용해 여러 가지 실험을 했다고 하며, 고대 그리스의 철학자 아리스토텔레스도 바늘구멍 현상에 대해 언급한 것이 전해 온다. 바늘구멍 대신 렌즈를 이용해 성능을 개선한 카메라 옵스큐라(Camera Obscura)가 르네상스 시대 이후 그림을 그리는 보조 도구로서 사용되었다고 하며, 레오나르도 다 빈치(Leonardo da Vinci, 1452~1519년) 역시 이용한 것으로 알려져 있다.

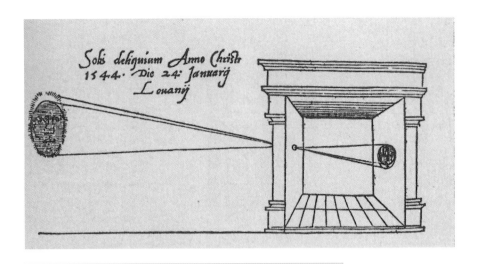

네덜란드의 겜마 프리시우스(Gemma Frisius)가 바늘구멍 현상을 이용해 일식을 눈이 부시지 않게 관측하는 모습을 묘사한 그림.

19세기 카메라 옵스큐라를
이용해서 그림을 그리는 작업.

천체 사진이 가져온 부작용

우리는 장시간의 노출로 촬영한 화려한 천체 사진에 익숙해진 세대다. 천문대의 망원경들에는 이제 아이피스가 아니라 디지털 이미징 장치가 붙어 있는 것이 일반적이다. 그래서 어쩌다 천문대에 들러 망원경을 통해 밤하늘을 보거나, 작은 천체 망원경을 구입해서 들여다보고는 실망하는 경우가 많다. 천체 사진으로 보던 화려한 성운과 은하들의 이미지는 망원경에서 눈으로 볼 수 없기 때문이다. 대부분의 성운이나 은하들은 매우 희미해서 천문대에나 있는 대형 망원경으로 보아도 그저 희뿌연 구름 같다. 대신 달이나 토성과 같이 상대적으로 밝은 대상, 그리고 성단과 같이 별들이 명확하게 구분되는 대상들은 망원경으로 봤을 때에도 사진과 비슷한 환상적인 모습을 보여 준다.

사진의 발명

바늘구멍 또는 렌즈를 이용해 상을 베껴 그리는 것에서 나아가, 화학적인 방법을 동원해 그리지 않고도 이미지를 만드는 것을 여러 과학자들이 시도했다. 빛을 받은 부분이 변색되는 현상을 이용해서 여러 가지 감광 재료들을 개발했으나, 만들어진 이미지가 더 이상 빛을 받아도 반응하지 않도록 고정하는 일이 쉽지 않았다. 최초의 사진은 프랑스의 조세프 니세포르 니에프스(Joseph Nicéphore Niépce, 1765~1833년)가 1826년 또는 1827년에 촬영에 성공했다고 알려져 있다. 그는 이것을 태양 광선으로 그리는 그림이라는 뜻의 헬리오그래피(heliography)라고 했다. 포토그래피(photography, 사진)라는 영어 단어는 그리스 어의 '포토스(photos, 빛)'와 '그라피엔(graphien, 그리다)'에서 유래한 말로, 1839년 천문학자 존 허셜이 처음 사용했다.

프랑스의 루이 자크 망데 다게르(Louis Jacques Mandé Daguerre, 1787~1851년)는 니에프스의 성과를 더욱 발전시켜 1837년에 다게레오타입(daguerreotype)이라 불리는 은판 사진술을 탄생시켰다. 유리판에 감광 재료를 발라서 사진으로 만들기 때문에 동일한 사진이 없고 단 1장만 제작할 수 있었다. 1841년 영국의 윌리엄 헨리 폭스 탈보트(William Henry Fox Talbot, 1800~1877년)가 칼로타입(calotype)이라는 사진술을 개발했는데, 필름의 개념이 처음으로 만들어져 한 번의 촬영으로 여러 장의 사진을 대량으로 제작할 수 있게 되었다.

1826년 또는 1827년에 촬영된 것으로 추정되는 최초의 사진. 프랑스의 니에프스가 8시간의 노출로 촬영했다.

망원경이 발명된 해가 1608년이고 갈릴레오가 그 망원경으로 우주를 보기 시작한 것이 1609년이었던 것과 같이, 사진술도 개발되자마자 천문학에 이용되기 시작했다. 최초의 사진술을 연구한 사람들 중에 허셜을 비롯한 천문학자들이 꽤 있었다. 천문학이 나름 첨단 분야다. 최초의 천체 사진은 1840년에 존 윌리엄 드레이퍼(John William Draper, 1811~1882년)가 촬영한 달 사진이라고 한다. 이후 눈으로 보기 어려운 어두운 성운들이 촬영되기 시작했다. 그리고 밤하늘 전체가 사진으로 촬영되어 밤하늘의 지도인 성도가 사진으로 제작되기 시작했다.

1840년에 드레이퍼가 촬영한 달 사진.

1842년에 존 허셜이 촬영한 달의 코페르니쿠스 크레이터 사진. 칼로타입으로 촬영되었다. 그는 천문학자이면서 초기 사진의 발명자 중의 하나이다.

1851년에 촬영된 개기일식 사진.

영국의 아마추어 천
문가 앤드루 아이
슬리 커몬(Andrew
Ainslie Common)이
1883년에 촬영한 오
리온 성운. 그는 이 사
진으로 영국 왕립 천
문학회의 금메달을
받았다.

영국의 아마추어 천
문가 아이작 로버츠
(Isaac Roberts)가
1888년에 촬영한 안
드로메다 은하.

스펙트럼 분석

일찍이 뉴턴이 1666년에 태양광을 프리즘으로 여러 색으로 분리할 수 있다는 것을 알아냈다. 1814년에 요제프 리터 폰 프라운호퍼(Joseph Ritter von Fraunhofer, 1787~1826년)가 분광기를 발명하고 태양의 스펙트럼을 관측하던 중 수백 개의 검은 선들이 나타나는 것을 발견했다. 다른 밝은 별에서도 비슷한 검은 선들을 발견했는데 위치가 조금씩 달랐다. 이것은 태양의 대기에 있는

프라운호퍼가 제작한 분광기. 독일박물관 소장.

원소들에 의해 흡수되어 나타나는 것으로 '프라운호퍼선'이라고 불린다. 따라서 이 선을 분석하면 태양이 어떤 원소로 이루어졌는지를 알아낼 수 있다. 이제 인류는 멀리 있는 천체에 직접 가 보지 않고도 구성 성분을 알아낼 수 있게 되었다. 이 방법으로 우리 우주를 분석한 결과, 우리가 볼 수 있는 우주는 모두 같은 원소로 이루어져 있다. 또한 아주 멀리 있는 천체들의 스펙트럼을 분석하면 프라운호퍼선이 도플러 효과에 의해 적색 파장 쪽으로 치우치는 것이 발견되는데, 이를 통해 거리를 추정할 수도 있다.

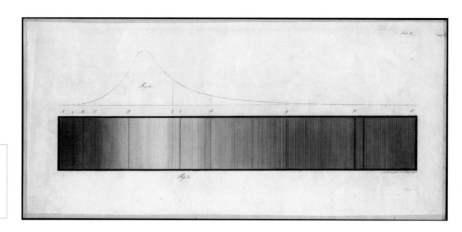

프라운호퍼가 태양
의 스펙트럼에 나타
난 흡수선을 기록한
그림.

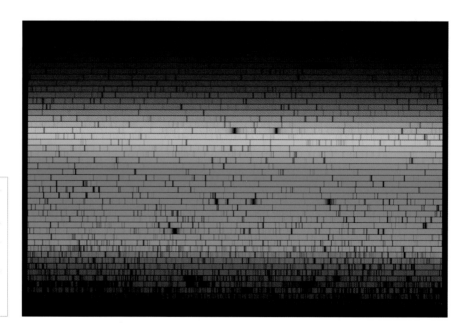

태양의 아주 세밀한
스펙트럼 이미지. 세
로의 검은 선들이 바
로 프라운호퍼선으
로 태양 대기에 존재
하는 다양한 원소들
에 의해 빛이 흡수되
어 나타난다.

나의 천체 사진 이야기

천체 사진의 발전은 현재 진행형이다. 내가 처음 천체 사진을 촬영한 1992년만 해도 필름으로 촬영하던 시절이다. 지금의 디지털 카메라는 카메라에서 감도 설정을 바꾸어서 고감도로 촬영할 수 있지만, 필름 카메라에서는 고감도의 필름을 사서 끼워야 한다. 그리고 그 필름 한 통을 다 쓸 때까지 감도는 고정인 것이다. 밝은 렌즈로 15초 정도 노출을 하면 별이 흐르지 않은 밤하늘의 사진을 얻을 수 있었다. 하지만 필름으로는 고감도에 한계가 있어서 은하수가 쏟아지는 밤하늘을 표현하는 것은 전문가들에게도 쉽지 않은 일이었다. 그 시절 주로 촬영하던 사진은 오랜 시간 노출로 별들이 움직여 간 궤적을 촬영하는 일주 사진이다. 눈으로 본 밤하늘의 느낌과는 다르지만 별들의 궤적이 주는 다양한 느낌을 표현하는 것이 재미있었다. 사진 자체가 과학과 예술의 결합으로 탄생한 것인데, 이제까지 20년이 넘는 사진 생활 중 예술 쪽 비중이 가장 높았던 시기다. 그도 그럴 것이 기술적인 한계가 너무나 뚜렷했기 때문이다.

디지털 카메라가 처음 등장했을 때에는 천체 사진을 촬영할 수 없을 정도로 낮은 해상도와 낮은 감도였고, DSLR은 중형 자동차 한 대 값이었다. 빠른 속도로 성능은 좋아지고 가격은 낮아져서 어느새 필름 카메라들을 시장에서 밀어냈다. 디지털 카메라는 고감도에서 엄청난 성능의 향상이 있었다. 15초 정도의 노출로도 밤하늘의 쏟아지는 별들과 은하수를 쉽게 담아낼 수 있었다. 이제 전문가들이나 찍던 별 사진을 누구라도 찍을 수 있게 되었다. 이게 다 카메라의 발전 덕분이다.

나는 디지털 시대가 왔을 때 해 보고 싶은 것이 있었다. 사진을 연속으로 촬영해서 영상을 만드는 것, 바로 타임랩스다. 보다 강렬한 인상을 전달할 수 있었다. 전 세계를 돌아다니며 밤하늘 영상을 만들었고, 여기서 더 나아가 오로라를 VR 영상으로 담는 작업을 하게 되었다. 그리고 이런 영상들을 모아 천체 투영관용 VR 영화를 제작한 것이다.

사진을 시작한 첫해
에 촬영한 사진이다.
큰개자리 시리우스 등
밝은 별이 있는 겨울
별자리다. 물안개가
가득한 상황에서 렌즈
앞에 이슬이 내려 사
진이 번져 오히려 안개
낀 새벽 느낌이 잘 표
현되어 좋아하는 사진
이 되었다. 경기도 마
석, 1992년.

8 대형 천문대 시대의 서막

미국 서부 로스앤젤레스의 윌슨 산 꼭대기에는 유서 깊은 천문대가 있다. 100년 전 세계 최대의 망원경이 있던 윌슨 산 천문대다. 천문학자 허블은 이곳의 100인치(2.5미터) 망원경을 이용해 안드로메다 은하까지 거리를 측정해서 우리 은하가 우주의 전부인 줄 알았던 인류에게 우주는 훨씬 더 넓다는 것을 알려 주었다. 나아가 더 멀리 있는 은하들이 더 빨리 멀어진다는 것을 관측해서 우주가 팽창한다는 것을 알아냈다.

　　100년도 넘은 이 천문대는 여전히 운영되고 있고, 직접 관측할 수 있는 프로그램도 있다. 이 역사적인 망원경을 하룻밤 전세 내는데 5000달러, 우리 돈으로 600만 원 정도다. 동호회에서 단체로 와서 십시일반으로 부담한다면 그리 부담스러울 정도는 아니다. 게다가 이건 허블이 사용하던 거라고! 그래서 관측 예약이 거의 꽉 차 있을 정도로 인기가 있다. 나도 촬영을 위해 방문했는데, 촬영 허가를 받는 것보다 이 관측 프로그램을 이용하는 것이 훨씬 절차가 간편했다. 심지어 비용도 별 차이 없었다. 미국 쪽 천문대들은 촬영 허가 받기가 너무나 까다롭고 돈도 엄청 들어간다. 하와이 마우나케아 천문대 촬영 때문에 몇 달을 고생한터라 돈만 내면 되는 프로그램이 있어 얼마나 고마웠는지 모른다.

약속한 날짜에 도착해서 촬영하는데 망원경 옆에 놓인 작은 의자가 유독 눈에 들어왔다. 아니나 다를까 옛 사진을 찾아보니 허블이 관측할 때 앉던 의자다. 숙연한 마음마저 들었다. 「코스모스 오디세이」에서는 그 장면에 바로 그 의자에 허블이 앉아 있던 모습을 합성해서 집어넣었다.

망원경과 함께한 허블. 앉아 있는 의자를 오른쪽 사진에서 찾아보자. 《타임》에 사용하기 위해 당대 유명 사진 작가 마거릿 버크 화이트(Margaret Bourke White, 1906~1971년)가 촬영했다.

윌슨 산 천문대의 100인치(2.5미터) 망원경.

대형 천문대의 시조, 조지 엘러리 헤일

윌슨 산 천문대를 세운 사람이 바로 조지 엘러리 헤일(George Ellery Hale, 1868~1938년)이다. 미국의 천문학자인데, 역사적인 천문대들의 설립자로 더 유명하다. 그는 대형 천문대를 세우는 데 들어가는 천문학적인 자금을 끌어 모으는데 탁월한 능력이 있었다. 그가 세운 첫 천문대인 여키스 천문대는 1897년에 만들어졌다. 운송업으로 큰 돈을 번 사업가 찰스 여키스(Charles Yerkes)의 후원으로 40인치(102센티미터) 굴절 망원경을 설치했는데, 현재도 세계 최대의 굴절 망원경이다. 헤일은 큰 망원경이 우주의 신비를 열어 주는 열쇠라고 생각했다. 그는 항상 더 큰 망원경을 갈구했고 결국 실행에 옮겼으며, 그가 세운 천문대들은 천문학의 새 역사를 써 나갔다.

헤일. 윌슨 산 천문대의 사무실에서 촬영된 사진이다.

여키스 천문대의 **40인치**(102센티미터) 굴절 망원경. 미국 위스콘신 주에 위치하고 있으며 시카고 대학교에서 운영하고 있다.

그가 두 번째로 설립한 천문대가 바로 윌슨 산 천문대이다. 이번에는 망원경도 세계 최대의 크기로 기획했을 뿐 아니라 관측 조건도 면밀히 따져서 최고의 결과를 얻고자 했다. 오래 전 허셜이나 파슨스가 세운 대형 망원경은 자기 집 마당에 만들어졌다. 설치가 쉽고 접근도 쉬운 것이 이유였을 것이다. 여키스 천문대도 시내에 위치하고 있다. 하지만 최고의 관측 조건을 만족하려면 날씨 조건이 좋고 대도시에서 떨어진 산꼭대기가 좋다. 일찍이 뉴턴이 산꼭대기가 천문 관측에 유리할 것이라고 했지만 그의 말대로 산꼭대기에 천문대를 지어 망원경을 설치하는 것은 보통 일이 아니었다. 로스앤젤레스의 해발 1742미터 윌슨 산 꼭대기에 천문대를 만들기 위해서는 정상까지 건축 장비와 관측 기구들을 나를 수 있도록 길부터 정비되어야 했다. 당시는 자동차가 널리 쓰이기 전이어서 총 150톤이나 되는 망원경의 부품 대부분을 노새가 끄는 마차로 날랐다.

여기에 들어가는 어마어마한 돈을 댄 것이 철강왕 앤드루 카네기(Andrew Carnegie, 1835~1919년)이다. 드디어 1908년에 당시 세계 최대인 60인치(1.5미터) 망원경이 설치되었다. 하지만 헤일은 이에 만족하지 않고 더 큰 망원경을 만들 계획을 이미 세우고 있었다. 1917년에 헤일의 친구이자 부유한 사업가였던 존 후커(John Daggett Hooker, 1838~1911년)의 지원으로 100인치(2.5미터) 반사 망원경을 설치했다. 당시 이렇게 큰 반사경을 만드는 것은 엄청난 모험이었다. 그리고 이 망원경을 정밀하게 제어할 거대한 기계 장치를 만드는 것도 대단히 어려운 일이었다. 수많은 도전과 시행착오 끝에 완성될 수 있었다.

60인치(1.5미터) 망원경의 경통 부분을 노새와 마차로 운반하는 모습. 1907년 당시는 이제 막 자동차가 사용되던 시기여서 트럭을 계속 이용하는 것은 돈이 너무 많이 들었다고 한다. 총 150톤이나 되는 망원경의 부품들을 노새가 끄는 마차로 해발 1742미터의 윌슨 산 정상까지 날라야 했다.

1917년에 100인치(2.5미터) 망원경의 반사경을 자동차를 이용해서 윌슨 산 정상까지 운반하는 모습. 점점 더 자동차를 많이 사용하게 되었지만 여전히 많은 짐들은 노새를 이용해 운반해야 했다.

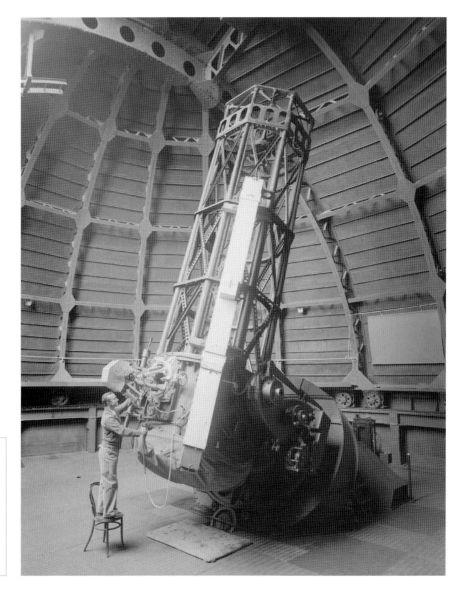

윌슨 산 천문대의 60
인치(1.5미터) 망원경.
이후 1917년에 같
은 윌슨 산 천문대의
100인치(2.5미터) 망
원경이 만들어질 때
까지 세계 최대의 망
원경이었다.

이런 경험을 바탕으로 1928년에는 팔로마(Palomar) 천문대를 설립하며 록펠러 재단의 후원으로 200인치(5.1미터) 반사 망원경을 계획했다. 기존 최대 크기였던 윌슨 산 천문대의 100인치(2.5미터) 망원경의 두 배나 되는 크기다. 이 거대한 망원경은 헤일이 죽고 난 뒤인 1949년에서야 완성되었는데, (구)소련에서 지름 6미터 크기의 볼쇼이 경위대 망원경을 만든 1975년까지 세계 최대의 크기였다. 헤일은 그가 세운 세계 최대의 망원경 기록을 스스로 경신해 나갔고, 그의 망원경들은 70년 가까이 세계 최대 크기였다. (1845년에 파슨스가 만든 72인치(1.8미터) 망원경은 1890년대에 퇴역했다.)

팔로마 천문대에 설치된 200인치(5.1미터) 반사 망원경의 준공 기념식. 설립자의 이름을 따서 헤일 망원경이라고 불린다. 청중과 비교해 보면 엄청난 크기임을 알 수 있다. 1949년에 완성되어 허블이 처음으로 사용했다. 20세기에 오래도록 최대의 망원경으로 군림해서 당시 사람들에게는 가장 유명한 천문대다.

허블과 휴메이슨

세계 최고의 관측 시설에서 깜짝 놀랄 발견이 이어지는 것은 어찌 보면 당연하다. 할로 섀플리(Harlow Shapley, 1885~1972년)는 1920년에 윌슨 산 60인치(1.5미터) 망원경을 이용해서 우리 은하의 크기를 측정하고 우리 태양계가 그 안에서 어디에 위치하는지를 밝혀냈다. 1781년에 허셜이 우리 은하의 모습이 납작한 원반 모양임을 밝혀냈으나 우리 태양계의 위치는 중간쯤에 있다는 오류를 범했던 것을 바로잡은 것이다.

헤일이 불러 모은 천문학자 중 최고의 스타는 허블이다. 당시만 해도 은하들이 우리 은하 안에 있는지 밖에 있는지가 논쟁거리였다. 1923년 허블은 윌슨 산 천문대의 100인치(2.5미터) 망원경을 이용해서 안드로메다 은하까지의 거리를 측정했는데 90만 광년이라는 값을 얻었다. 현재의 값인 250만 광년보다 작게 측정하긴 했지만, 우리 은하의 범위를 훨씬 넘어서는 값이다. 이로써 인류는 우리 은하가 우주의 전부가 아니라, 우리 은하 밖에도 우주가 펼쳐져 있음을 알게 되었다. 인류가 아는 우주의 크기가 순식간에 엄청나게 커졌다.

물론 우리 은하 밖에 다른 은하가 있을 것이라는 생각은 18세기의 철학자 임마누엘 칸트(Immanuel Kant, 1724~1804년)가 주장한 바 있다. 하지만 실제로 과학적으로 밝혀낸 것은 허블이 처음이다. 마찬가지로 고대 그리스의 천문학자 아리스타르쿠스가 이미 기원전에 지구가 태양을 돈다는 주장을 했으나 그것을 과학적인 근거로 밝힌 것은 코페르니쿠스 이후의 과학자들인 것이다.

허블은 계속해서 다른 외부 은하들을 관측했는데, 1929년에 멀리 있는 은하일수록 더 빠른 속도로 멀어지고 있는 것을 알아냈다. 우주가 팽창하고 있었다! 우주가 팽창한다는 것은 시간을 거슬러 올라가면 우주가 점점 작아져서 결국 한

점이 된다는 뜻이다. 이것이 바로 대폭발 이론이고, 팽창하는 속도를 알아내면 우주의 나이를 알 수 있게 된다. 이 값을 허블 상수라고 부른다.

한편 특이한 경력의 입지전적인 인물도 있다. 밀턴 휴메이슨(Milton L. Humason, 1891~1972년)은 14세까지만 학교에 다녔다. 이후 10대의 나이에 윌슨 산 천문대를 건설할 때 노새를 끌고 장비들을 산 정상까지 나르는 일을 하다 천문대 수석 기술자의 딸과 결혼하고 천문대 수위가 되었다. 성실하고 똑똑했던 그는 천문학자들의 관측을 도와주다 정식으로 야간 관측 조수가 되었는데 이때 같이 일한 사람이 바로 허블이다. 허블의 역사적인 발견들은 휴메이슨의 관측 작업으로 이루어진 것이다. 그는 은퇴할 때까지 윌슨 산에서 연구원으로 일했고, 스웨덴의 룬드(Lund) 대학교에서 명예 박사 학위를 받았다.

망원경의 크기가 커지고 과학이 발전함에 따라 인류가 알고 있는 우주도 그만큼 넓어졌다. 지구 공전의 중심인 태양조차도 우주의 중심이기는커녕 우리 은하의 주변부를 도는 수천억 개의 별들 중의 하나일 뿐이었고, 우주 그 자체라고 믿었던 우리 은하 역시 수많은 은하들 중 하나임을 알게 되었다. 이제는 더 이상 우주가 우리 인류를 중심으로 돌아간다고 말할 수 없게 되었다. 이 사실을 갈릴레오 시대의 종교 지도자들이 알았더라면 어떻게 받아들였을까?

▶ 허블이 윌슨 산 천문대의 100인치(2.5미터) 망원경으로 촬영한 안드로메다 사진에서 발견한 세페이드 변광성. 처음에는 신성(nova)인줄 알고 'N'으로 표기했지만 계속된 관측에서 밝기가 변하는 변광성(variable star)임을 알고 'VAR'로 고쳐 적었다. 허블의 친필이다.

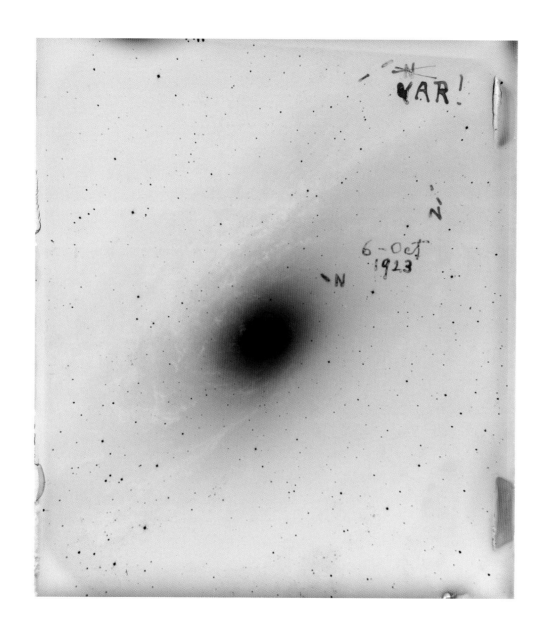

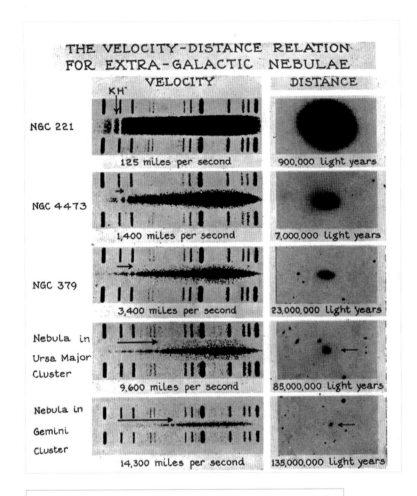

THE VELOCITY-DISTANCE RELATION FOR EXTRA-GALACTIC NEBULAE

	VELOCITY	DISTANCE
NGC 221	125 miles per second	900,000 light years
NGC 4473	1,400 miles per second	7,000,000 light years
NGC 379	3,400 miles per second	23,000,000 light years
Nebula in Ursa Major Cluster	9,600 miles per second	85,000,000 light years
Nebula in Gemini Cluster	14,300 miles per second	135,000,000 light years

허블이 1936년에 출판한 책『성운의 왕국(The Realm of the Nebulae)』에 실린 관측 결과. 스펙트럼에 끊어진 부분, 즉 검은 흡수선이 멀리 있는 천체를 촬영한 것일수록 오른쪽으로 이동한 것을 화살표로 표시했다. 빠른 속도로 멀어지는 은하일수록 도플러 효과에 의해 그곳에서 오는 빛의 파장이 길어지면서 나타나는 현상으로 적색 이동이라고 부른다.

우주에서의 거리 측정

직접 가서 거리를 잴 수 없는 우주에서 거리를 측정하는 것은 매우 어려운 일이다. 인류는 매우 먼 천체까지의 거리를 측정하는 방법을 개발해 왔다.

1. 달과 같이 비교적 가까운 태양계 내의 천체에 대해서는 전파나 레이저를 쏴서 그 반사되는 시간을 측정해 거리를 잴 수 있다.

2. 지구가 공전하면서 위치가 바뀌는데 이 때문에 가까운 별이 멀리 있는 배경 별에 비해 보이는 위치가 미세하게 바뀐다. 이것을 '연주 시차'라고 하는데, 이를 측정하면 거리를 알 수 있다. 이 현상이 발견되면 지구의 공전이 증명되는 것이므로 지동설을 믿던 많은 천문학자들이 측정을 시도했으나 번번이 실패했고, 1838년에서야 프리드리히 베셀(Friedrich Wilhelm Bessel, 1784~1846년)이 처음으로 측정에 성공했다. 그도 그럴 것이 가장 가까운 별의 연주 시차도 1초가 되지 않기에 당시의 관측 기술로는 측정이 어려웠던 것이다. 지동설을 최초로 주장했던 고대 그리스의 아리스타르쿠스도 별이 너무 멀리 있어 연주 시차가 드러나지 않는다고 했다. 이 방법으로는 우리 은하 내에서 비교적 가까운 별들까지의 거리를 알 수 있다.

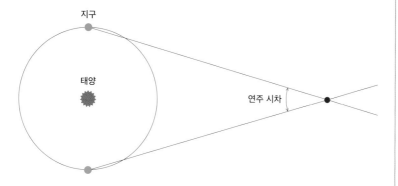

3. 주기적으로 밝기가 변하는 변광성을 이용해서 거리를 측정할 수 있다. 헨리에타 스완 레빗(Henrietta Swan Leavitt, 1868~1921년)은 미국의 여성 천문학자로서 1912년에 세페이드 변광성이 밝을수록 변광 주기가 길어진다는 것을 발견했다. 이로써 원래 밝기를 추정할 수 있으므로 지구에서 관측되는 겉보기 밝기와의 차이를 이용해서 거리를 잴 수 있다. 겉보기 밝기는 지구에서의 거리의 제곱에 반비례해 어두워진다. 허블이 안드로메다 은하까지의 거리를 잴 때에도 안드로메다 은하 안에 있는 세페이드형 변광성을 찾아서 거리를 잴 수 있었다.

4. 1억 광년이 넘어가면 먼 은하에 있는 세페이드 변광성을 관측하기가 쉽지 않으므로 다른 방법을 찾아야 한다. 수십억 광년 떨어진 곳까지의 거리 측정에는 초신성 폭발을 이용한다. 백색 왜성과 다른 별이 쌍성을 이루는 경우에, 그 짝별도 늙어 적색 거성으로 부풀어 오르면 그 물질이 백색 왜성으로 흘러 들어가고 이어 큰 폭발이 일어나게 된다. 일정한 조건에서 폭발이 시작되기 때문에 이 초신성 폭발의 밝기는 모두 일정하다. 이 Ia형 초신성을 관측하면 거리를 잴 수 있다. 우주 가속 팽창을 발견해 2011년에 노벨 물리학상을 받은 과학자들이 이 방법을 이용했다.

현대의
대형 천문대들

ㅓ

지난 100년간 우리가 아는 우주의 범위는 공간적 시간적으로 엄청나게 넓어졌다. 그 놀라운 과학적 성취를 위해 인류는 첨단 관측 시설들을 지구 곳곳에 건설했다. 현대의 천문대들은 대도시에서 멀리 떨어져 광해가 적고, 건조하고 청정한 날씨가 계속되며, 대기의 영향을 최소화할 수 있는 고지대에 위치하고 있다. 하와이의 마우나케아 산, 카나리아 제도의 라팔마 섬 꼭대기, 칠레의 아타카마 사막의 고지대들이 대표적이다.

이런 천문대들은 지구상에서 가장 별 보기가 좋은 곳이기도 하고, 거대한 망원경을 담고 있는 돔 시설 등, 천체 사진가에게는 꼭 찍어보고 싶은 대상이다. 사실 이런 곳들을 찍고 싶어서 「코스모스 오디세이」를 기획했다. 영화 제작이라는 핑계가 있어도 이런 천문대들을 방문하는 것은 쉬운 일이 아니었다. 우여곡절 끝에 작은 꿈을 이루었고, 영화도 만들었다. 그리고 「코스모스 오디세이」를 통해 천체 투영관에서 가상 여행을 떠날 수 있다. 가상 현실이 가져온 변화다.

제미니 북부 망원경. 천문대 돔의 크기가 마우나케아에서 가장 크다. 반사경 크기는 8.13미터. 미국, 영국, 캐나다, 칠레, 호주, 아르헨티나, 브라질, 그리고 대한민국 8개국이 공동 운영한다. 똑같은 것이 남반구의 칠레에도 있다.

마우나케아 천문대

마우나케아 천문대를 가려면 하와이의 호놀룰루에서 빅아일랜드로 한 번 더 비행기를 타고 간 끝에 차량으로 이동해야 한다. 비포장 구간도 있는 산길을 올라가야 해서 4륜 구동 차량을 이용하는 것이 좋다. 섬 가장자리에 있는 공항에서 섬 가운데에 있는 산 입구까지 한 시간 좀 넘게 걸린다. 빅아일랜드 섬의 서쪽에는 코나 공항이, 동쪽에는 힐로 공항이 있는데, 힐로가 조금 더 가깝다. 산 입구는 최근에 용암이 흘러내려 굳어진 곳이다. 아직도 곳곳에 김이 올라오고 있다. 이곳에서 해발 2600미터까지 올라가면 일반 관광객들에게 천문대에 대한 안내를 하는 방문자 센터가 있다. 밤에는 망원경으로 별을 보여 주는 행사도 한다. 방문자 센터 뒤쪽에는 천문대 직원과 관측하러 온 천문학자들의 숙소가 있다.

일반 관광객들도 낮에는 천문대에 방문할 수 있다. 별다른 절차는 없고 해발 2600미터의 방문자 센터에서 30분 정도 고소 적응 후 올라가면 된다. 천문대는 해발 4200미터의 산 정상에 있다. 혹시라도 고소 증상이 심하면 바로 내려와야 한다. 일출과 일몰은 정말 장관이다. 천문대가 단체 관광객들로 북적이지만 일반 관광객이 머물 수 있는 것은 이때까지다. 해가 지고 어둠이 깔리기 시작하면 레인저가 순찰하며 내려가라고 한다.

마우나케아 천문대는 전 세계의 광학 망원경 천문대들 중에서도 가장 높은 고도에 위치하고 있다. 태평양 한가운데에 있어 광해가 적고 대기가 안정적이다. 이제까지 별을 본 중에 최고의 밤하늘을 보았다. 일출과 일몰에 물드는 하늘 색의 오묘함은 어떻게 말로 표현할 방법이 없다. 달이 없는 칠흑 같은 밤이라도 은하수가 뜨면 은하수 별들의 빛으로 주변이 환해지는 것을 느낄 수 있다. 금성이 뜨면 그 빛에 그림자가 생기는 것이 보이기도 한다.

마우나케아의 일몰. 왼쪽은 일본에서 운영하는 스바루(Subaru) 망원경, 가운데 2개는 켁 천문대(W.M.Keck Observatory)의 쌍둥이 망원경이다. 오른쪽은 NASA의 IRTF(Infrared Telescope Facility)이다.

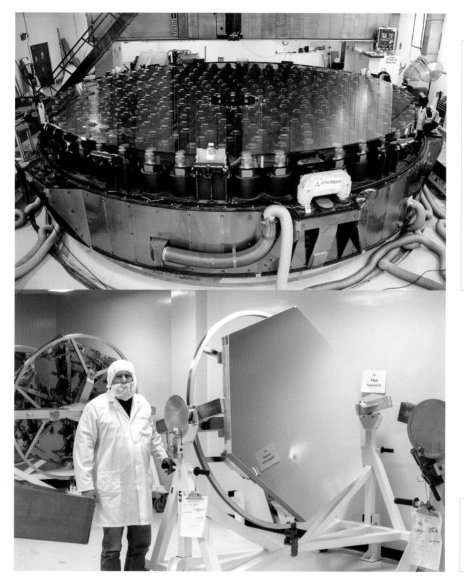

스바루 망원경의 반
사경에 알루미늄 코
팅을 입히기 전 모습.
그 거대한 크기에 비
해 매우 얇다. 이렇게
큰 반사경은 자체 하
중으로 비틀림이나
처짐이 발생하는데,
반사경 뒤에 붙어 있
는 컴퓨터와 연동되
는 261개의 조절기
가 실시간으로 정밀
하게 제어해 완벽한
포물면이 되도록 유
지한다.

켁 망원경을 이루는
육각형 반사경 하나
도 크기가 1.8미터나
된다.

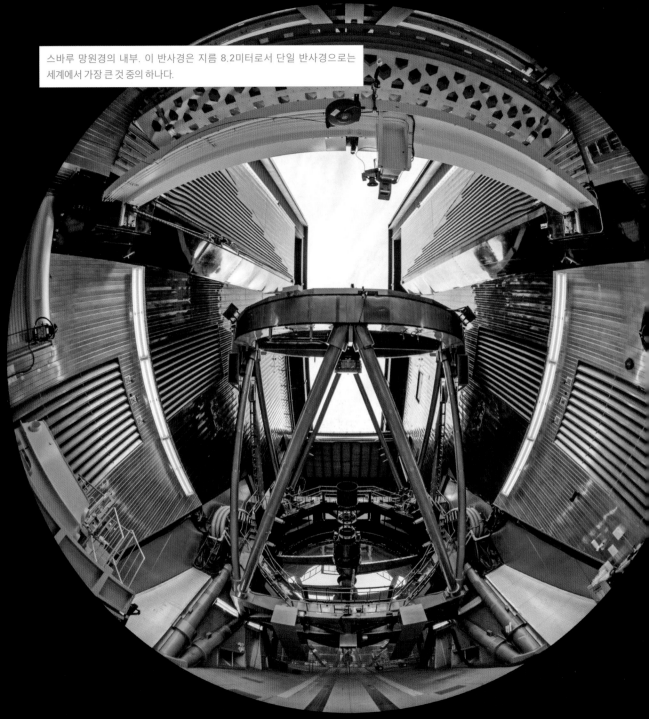

스바루 망원경의 내부. 이 반사경은 지름 8.2미터로서 단일 반사경으로는 세계에서 가장 큰 것 중의 하나다.

켁 망원경의 내부. 육각형 반사경 36개를 이어 붙여 10미터 크기의 반사경을 만들었다. 켁 망원경은 동일한 것이 2개가 있어 각각 관측하기도 하고, 연결해 동시에 한 대상을 관측할 수도 있다.

스바루 천문대 너머로 은하수가 밤하늘을 가로지른다. 스바루(subaru)는 일본어로 플레이아데스 성단을 뜻한다. 일본 국립 천문대(NAOJ)에서 운영하고 있다.

캐나다-프랑스-하와이 망원경(Canada-France-Hawaii Telescope, CFHT) 너머로 동이 터오고 있다. 망원경 이름에서 보듯이 3개국에서 운영한다.

로크 데 로스무차초스 천문대

카나리아 제도는 스페인령으로 아프리카 대륙 서쪽 바다에 떠 있다. 유럽 사람들이 많이 가는 휴양지인데, 우리나라의 제주도, 미국의 하와이와 비슷한 느낌이라고 보면 된다. 제주도와 크기가 비슷하거나 좀 작은 여러 개의 섬이 모여 있는데, 저 멀리 수평선 너머로 서로 보이지만, 우리 서해안의 섬처럼 다닥다닥 붙어 있지 않고 꽤 멀리 떨어져 있다. 이중 테네리페 섬이 tvN의 예능 프로그램 「윤식당」 시즌 2 촬영지다. 우리나라에서 가려면 유럽의 스페인이나 독일까지 가서 다시 비행기를 타고 가야 해서 교통이 좋지 않고, 한국 관광객은 거의 없어 「윤식당」 촬영지로 선택되었을 것이다. 스페인 어와 포르투갈 어가 쓰이는 유럽과 남미 지역에서는 영어가 거의 안 통한다. 스페인 본토를 거쳐 이 섬까지 가는 동안 가장 큰 문화적 충격이 바로, 영어를 한마디도 못하는 백인들이 살고 있는 동네가 다 있다는 것이다.

카나리아 제도 서쪽의 라팔마 섬이 나의 목적지다. 해발 2600미터 정상에 천문대가 위치하고 있다. 유럽 연합의 유럽 북방 천문대(European Northern Observatory, ENO)에서 운영하는 곳이다. 현재 세계에서 가장 큰 10.4미터 구경을 가진 망원경이 이곳에 있다. 이외에도 여러 천문대들이 있는데, 갈릴레오, 뉴턴, 허셜 등 천문학자들의 이름을 붙인 것들이 많다.

갈릴레오 이탈리아 국립 망원경(Telescopio Nazionale Galileo, TNG). 천문학자 갈릴레오의 이름을 딴 망원경이다. 이곳에는 이외에도 뉴턴과 허셜의 이름을 딴 망원경이 있다.

9 현대의 대형 천문대들

산 정상에서 본 석양에 물드는 라팔마의 로크 데 로스무차초스 천문대. 해발 2600미터로 구름 위에 떠 있다. 가끔 잠기기도 한다.

바닷가가 대개 그렇지만 날씨가 좋은 편이 아니다. 화산섬이라 제주도와 비슷한 느낌을 주는 공항에 도착할 때부터 걱정이 많았다. 지형만 비슷한 게 아니라 날씨도 비슷했다. 하늘이 먹구름으로 가득 차 있었고, 보슬비가 가끔씩 흩날렸다. 바닷가에 있는 숙소에서 산꼭대기의 천문대까지는 1시간이 넘게 좁은 산길을 꼬불꼬불 올라가야 한다. 올라가는 길에 빗방울이 점점 굵어졌다. 안개도 점점 짙어지더니 10미터 앞이 안 보일 지경이다. 그런데 정상에 가까워지자 안개 틈으로 빛줄기가 쏟아지기 시작하더니 어느 새 파란색이 가득한 청명한 하늘이다. 안개라고 생각한 것은 구름이었다. 구름 속을 뚫고 올라온 천문대에서 바라보면 언제나 사방이 운해로 가득하다. 저 아래 마을은 대개 흐리고 산 위는 맑다.

하와이의 마우나케아도 마찬가지인데, 라팔마가 조금 다른 점은 해발 고도가 2600미터로 좀 낮아서, 운해가 높게 파도치면 천문대까지 구름 속에 잠길 때가 있다. 밤에 촬영하면서 보니 운해가 높게 밀려오면 순식간에 망원경 돔의 뚜껑이 닫히고, 물러가면 다시 열렸다.

내 촬영은 항상 해 지기 전부터 시작한다. 그리고 밤이 지나고 해가 어느 정도 올라오고 나서야 끝난다. 오전에 내려갔다 잠시 눈 붙이고 밥을 먹고 다시 한 시간 넘게 운전해서 올라오는 일정을 일주일 내내 반복했다. 시간이 없으니 밥은 하루에 한 끼, 잠은 촬영 중간 쪽잠으로 보충한다. 한 끼만 먹어야 할 때 메뉴는 고기다. 초식동물은 매일 일정량의 풀을 먹어야 하지만, 육식이 효율이 높은 편이라 육식동물은 한 번 사냥해서 배불리 먹으면 다음 번 사냥 때까지 상당히 오랫동안 안 먹어도 된다. 촬영하러 나가면 육식동물이 된다.

카나리아 대 망원경(Gran Telescopio Canarias, GTC)을 배경으로 북쪽 별들의 움직임을 카메라에 담았다. 별들이 북극성을 중심으로 동심원을 그리며 돌고 있다.

▶ 매직 망원경(Major Atmospheric Gamma Imaging Cherenkov Telescopes, MAGIC). 지름이 17미터에 달하는 거울이 2개가 서 있는 모습이 매우 특이하다. 우주에서 날아온 고에너지 감마선이 지구 대기와 충돌할 때 생기는 미약한 대기 발광을 감지하는 특별한 관측기기다. 비슷한 것이 아프리카 남쪽 나미브 사막에도 있다.

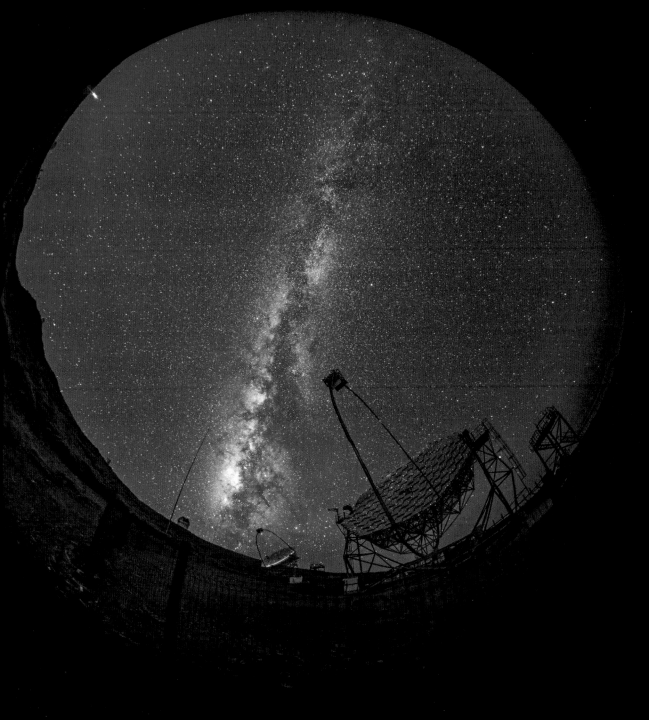

스웨덴 태양 망원경(Swedish Solar Telescope). 태양을 관측하는 망원경 너머로 은하수가 지고 있다.

로스무차초스 천문대의 GTC 뒤로 해가 넘어가고 있다. 육각형 반사경 36개를 조합해 10.4미터 크기로 2020년 현재 세계에서 가장 큰 망원경이다. 2024년에 39.3미터나 되는 ELT가 완성될 때까지는 세계 최대 타이틀을 유지한다.

칠레 아타카마 사막의 천문대들

남미, 정말 멀다. 어느 SF 영화에서처럼 지구 중심을 뚫고 가는 엘리베이터가 있다면 바로 갈 수 있겠지만 대한민국에서는 서쪽으로 돌든 동쪽으로 돌든 10시간이 넘는 비행을 두 번 해야 갈 수 있다. 칠레는 별 보는 사람들의 성지로 불리는 만큼, 가고 싶은 곳들이 많다. 아타카마 사막, 우유니 소금 사막, 거인석으로 유명한 이스터 섬, 적도의 갈라파고스 섬, 각종 천문대들. 문제는 시간이다. 결국 영화에 필요한 장소만 딱 찍고 오는 걸로 했는데, 거기까지 가서 그냥 오는 것이 좀 아쉽기도 하다.

아타카마 사막은 남미 대륙 서쪽 가장자리에서 남북으로 길게 이어지는 안데스 산맥의 고원 지역에 자리잡고 있는데, 세계에서 가장 건조한 지역 중의 하나다. 연중 관측 가능 일수로는 전 세계에서 가장 좋은 조건을 자랑한다. 그렇다 보니 곳곳에 많은 천문 시설이 들어서 있다. 대표적인 시설이 VLT이다. '매우 큰 망원경(Very Large Telescope)'의 약자로 천문학자들은 이렇게 단순한 이름을 종종 짓는다. 바로 건너편 산 정상에 지어지고 있는 이보다 더 큰 망원경의 이름은 ELT, 즉 '엄청 큰 망원경(Extremely Large Telescope)'이다.

VLT는 8.2미터 구경의 망원경 4개로 구성되어 있다. 이 망원경들은 각각 운영되기도 하지만, 서로 연결되면 세계에서 가장 거대한 망원경이 된다. 달 표면에 자동차를 주차해 둔다면 두 헤드라이트를 구별할 수 있다고 한다. 풀 한 포기 안 보이는 사막 고원의 정상에 올라앉은 거대한 망원경은 그 자체로 위용이 대단하다. 그 아래 천문학자들과 운영자들을 위한 공간은 반쯤 땅속에 묻혀 드러나지 않게 지어져 있는데, 이 시설도 대단하다. 007 영화에서 악당들 근거지로 나온 적이 있다. 2008년에 나온 007 시리즈의 22번째 영화인 「퀀텀 오브 솔라스

(Quantum of Solace)」다. 17번째 영화인 「007 골든아이(Golden Eye)」에도 악당들 기지로 아레시보 전파 천문대가 등장한다. 왜 영화에서는 악당들의 장비나 시설이 그렇게 최첨단으로 묘사되는지 모르겠다. 오지에 학자들이 일하게 하려면 이만큼은 해야 하나 보다.

VLT에서 촬영 중. 뒤로 한참 떨어진 거리를 보면 저 망원경들이 얼마나 큰지 짐작할 수 있을 것이다.

커다란 네 건물에는 각각 8.2미터 크기의 반사경을 가진 망원경이 설치되어 있다. 왼쪽부터 안투(Antu), 쿠옌(Kueyen), 멜리팔(Melipal), 예푼(Yepun) 이라는 이름이 붙어 있는데, 남미 원주민인 마푸체 인들의 말로 태양, 달, 남십자자리, 금성을 의미한다. 작은 4개의 돔은 1.8미터 크기의 보조 망원경이다.

칠레 안데스 고원에 자리잡은 VLT 너머로 보름달
이 지고 있다.

멀리 산 정상에 망원
경이 있고, 아래에 관
측자 숙소인 ESO 호
텔이 있다. 호텔 서비
스이지만 아무나 받
지는 않는다. 지하로
들어가는 것 같은 입
구에 들어서면 딴 세
상이 펼쳐진다. 물
을 전부 싣고 와야 하
는 사막 한가운데 수
영장이 딸린 호텔 로
비가 있다니! 천장은
자연광이 들어오도
록 만들어 해가 지면
자동으로 차광막이
펼쳐진다. 이 앞에서
007과 본드걸이 악당
들과 사투를 벌였다.

가장 건조하다는 6월에 비가 잠깐 왔는데, 가는 길에 보니 사막 곳곳에 풀이 돌아났다. 생명의 힘은 대단하다. 천문대로 가는 길은 삭막하기 그지없다. 사방을 둘러봐도 풀 한 포기 찾기 힘들다. 변화 없는 풍경에 눈길을 끄는 것은 길가에 보이는 작은 십자가와 예배당 들이다. 이는 길에서 세상을 떠난 영혼을 위한 것인데, 유럽이나 북미에서도 볼 수 있지만 칠레의 것은 단지 작은 십자가 정도가 아니라 작은 예배당 수준이라는 것이 다른 점이다. 개집만 한 것부터 버스 정류장 크기까지 다양한데 국기에 조화에 온갖 장식품으로 우리네 무당집 느낌이 나는 것도 있다. 무덤이 요란한 것을 보니 삶이 고단한가보다.

천문대로 가는 길 주변에서 볼 수 있는 무덤들.

유럽 남방 천문대
(European Southern
Observatory, ESO)
에서 운영하는
라실라(La Silla)
천문대. 아타카마
사막의 해발
2400미터 고원에
위치하고 있다.
해질녘부터 촬영한
별의 궤적 사진이다.

미국 NOAO
(National Optical
Astronomy
Observatory)에서
운영하는 CTIO
(Cerro Tololo
Inter-American
Observatory).
한국천문연구원의
KMTnet 천문대 중
하나도 이곳에 있다.

적응 광학

천문대에서 종종 하늘로 레이저를 쏘는 모습을 볼 수 있다. 밤하늘의 별들과 거대한 천문대, 레이저 광선이 어우러져 SF 영화의 한 장면 같다. 이것은 적응 광학(Adaptive Optics)이라는 첨단 기술을 위한 것이다. 밤하늘을 관측하는 데 가장 큰 장애물은 지구의 대기다. 대기는 끊임없이 흔들리며 이미지를 흐려지게 한다. 적응 광학 기술은 관측 대상 주변의 밝은 별을 보면서 그 대기에 의한 흔들림을 실시간으로 측정해 이에 맞추어 이미지를 1초에도 수천 번씩 보정한다. 이렇게 하면 대기의 영향을 최소화해 매우 선명한 이미지를 얻을 수 있다. 하지만 관측 대상 옆에 언제나 밝은 별이 있는 것은 아니기 때문에 이런 경우에는 레이저를 이용해 인공 별을 만든다.

▶ 어안 렌즈로 담은 VLT. 사진에 보이는 레이저는 선명한 이미지를 얻기 위해 사용하는 적응 광학이라는 기술을 위한 것이다.

▲ VLT 내부에서 본 모습. 4개의 레이저를 하늘에 쏘고 있다. 관측 대상 주변 네 곳에 인공 별을 만들어 대기의 흔들림을 더욱 정밀하게 측정한다.

◄ VLT에서 적응 광학을 위한 레이저를 하늘에 쏘고 있다. 이 사진은 레이저가 4개로 업그레이드 되기 전, 하나만 있던 시기에 촬영된 것이다.

VLT의 부경 뒤에 부착된 조절 장치를 연구원이 점검하고 있다. 대기의 흔들림에 의해 왜곡된 이미지를 초당 수천 번씩 반사경의 표면을 미세하게 조절해 가며 원래 상태로 보정한다.

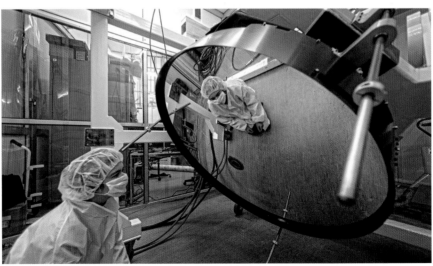

VLT의 부경은 표면 형태를 바꿀 수 있다.

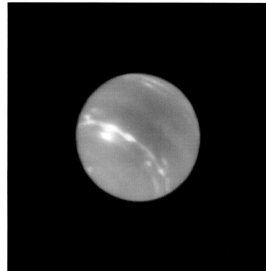

적응 광학 기술을 사용하기 전후의 해왕성 이미지의 변화. 대기의 흔들림을 보정하면 훨씬 선명한 상을 얻을 수 있다. VLT의 거대한 구경 덕분에 적응 광학을 이용하면 허블 우주 망원경이 우주에서 대기의 흔들림에 방해 받지 않고 촬영한 이미지보다도 선명한 이미지를 얻을 수 있다.

허블 우주 망원경에서 촬영한 해왕성.

건설 중인 초대형 망원경들

앞으로 몇 년만 지나면 세계 최대의 망원경 순위 1~3위가 다 바뀐다. 점점 더 큰 망원경을 만드는 이유는 명확하다. 더 큰 망원경일수록 더 많은 것을 보여 주기 때문이다. 반사경 크기가 각각 39.3미터, 30미터, 24.5미터에 달하는 ELT(Extremely Large Telescope), TMT(Thirty Meter Telescope), GMT(Giant Magellan Telescope)가 건설되고 있다. 이 망원경들이 완성되면 외계 행성을 직접 관측해 생명이 존재하는지를 밝혀내고, 우주 초기의 최초의 별과 은하들을 관측할 수 있을 것으로 기대하고 있다.

유럽 남방 천문대에서 건설 중인 세계 최대의 반사경이 설치될 ELT. 현재 세계 최대의 관측 시설인 칠레의 VLT 맞은편 산에 지어지고 있다. 2024년에 완공하는 것을 목표로 하고 있다. 애초에 100미터 크기를 기획했으나 천문학적인 비용 때문에 크기가 계속 줄어 현재 크기로 최종 결정되었다. 완성되면 세계 최대의 망원경이 된다.

TMT의 반사경은 30미터 크기로 마우나케아 산 정상에 지어질 예정이다. 그 산을 성스럽게 여기는 원주민들의 반대로 착공이 지연되고 있다.

GMT는 8.4미터 크기의 반사경 6개를 조합해 지름 24.5미터에 해당하는 집광력을 가진다. 칠레 아타카마 사막에 지어지고 있다. 2025년에 완공될 예정이며, 한국천문연구원도 건설에 참여하고 있다.

40인치 굴절 망원경,
여키스 천문대.

100인치 망원경,
윌슨 산 천문대.

200인치 망원경,
팔로마 천문대.

스바루 망원경.

GTC.

켁 망원경.

허블 우주 망원경.

제임스 웹 우주 망원경.

VLT.

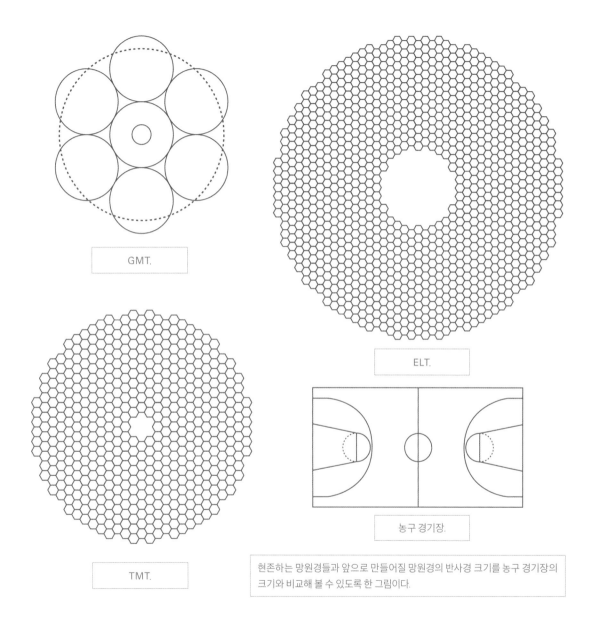

GMT.

ELT.

TMT.

농구 경기장.

현존하는 망원경들과 앞으로 만들어질 망원경의 반사경 크기를 농구 경기장의 크기와 비교해 볼 수 있도록 한 그림이다.

영화 제작 뒷이야기: 천문대 촬영기

일반인도 갈 수 있는 곳은 하와이의 마우나케아 천문대와 라팔마의 로크 데 로스무차초스 천문대로 낮에만 개방된다. 칠레의 천문대들은 일반인들에게 개방되지 않는다. ALMA(Atacama Large Millimeter/submillimeter Array)의 경우 해발 3000미터 정도에 있는 베이스 캠프에 방문이 가능하지만, 거기에서는 안테나 전혀 안 보인다.

일반인이 밤에 천문대를 방문하는 것은 불가능하기 때문에, 이를테면 영화 촬영 같은 특별한 이유가 있어야 한다. 그런 목적이 있어도 허가 절차를 밟는 것은 몇 달씩 걸리는 일이다. 그나마 유럽 우주국(ESA)의 천문대들이 촬영에 우호적이었다. 이곳은 유럽 연합의 여러 국가들이 돈을 대서 운영하고 있으므로 홍보를 매우 중요하게 여기는 것 같다. 유럽의 어느 공항에선가 ESA의 광고가 큼지막하게 붙어 있는 것을 본적도 있다. 아무튼 홍보 효과가 있다고 판단되면 촬영을 허가해 주는 것 같은데, 촬영 허가 절차도 상대적으로 간단했고, 무엇보다도 돈이 들지 않았다. 무료로 천문대 숙소에서 재워 주고 식사를 제공한다.

하지만 미국 쪽은 사정이 다르다. 이쪽은 각종 기부금이나 기금들이 워낙 넉넉해서 굳이 홍보할 필요가 없어서 그런 게 아닌가 싶다. 촬영 허가 절차가 얼마나 복잡한 지 하와이의 마우나케아 천문대를 촬영하기 위해 두 달 넘게 미국 시간으로 생활해야 했다. 이를테면 A 천문대에 촬영 허가를 문의했더니 B와 C에서 먼저 허가를 받아와야 한단다. 그래서 B에 문의를 하니 다시 D에서 먼저 허가를 받아오라고 한다. D에 연락을 하니 이런 저런 복잡한 서류들을 만들어 내라고 하는데 가장 문제가 되는 게 바로 보험 서류다. 촬영하다 내가 다치거나 천문대 장비에 손상이 가거나 하는 상황에 대해서 매우 엄격한 조건으로 보험 가입을 해야 한다. 돈도 엄청 깨졌다. 보험료 이외에도 촬영에 소요되는 모든 비용을 부담해야 한다. 내가 촬영할 때 항상 레인저가 1명 이상 동행하게 되어 있는데, 천문대에서뿐만 아니라 이 사람이 자기 집 문 열고 나올 때부터 다시 문 닫고 들어갈 때까지 소요된 모든 시간을 계산해서 시급을

지급해야 한다. 사실 생각해 보면 이게 당연한 건데 비용 청구서를 보면 당장은 그런 생각이 잘 안 든다.

　　하와이로 출국할 때에도 공항에서 서류를 만들어 스캔과 프린트를 할 수 있는 곳을 찾아 비행기 타기 직전까지 뛰어다녀야 했고, 갈아탈 때마다 중간에 날아온 새로운 지시사항을 확인하고 처리하느라 공항과 비행기 안에서도 계속 서류를 만들어야 했다. 심지어 하와이 출퇴근 시간 맞춰 제출하느라 미국 동부와 서부의 시간차를 이용해서 그 몇 시간 동안 일하는 곳을 긴급으로 찾기도 했다. 이 두 달 동안 겪은 일들 다 쓰자면 지면이 모자랄 정도다. 너무 고생을 시켜서, 영화 엔딩 크레딧에서 도움주신 분들에 미국 쪽 천문대 사람들은 안 넣었다.

하와이 마우나케아, 카나리아 제도의 라 팔마, 칠레 아타카마 고원에 있는 세계의 주요 천문대를 VR로 방문해 보자.

건너편 봉우리에서 마우나케아 천문대를 본 전경. 많은 천문대들이 옹기종기 모여 있다.

새벽의 마우나케아 천문대. 수평선 위로 붉고 아래는 푸른색으로 보이는 현상은 지구의 그림자이다. 비너스의 띠(Belt of Venus)라고 불린다. 뒤로 산처럼 보이는 것은 마우나케아 산의 그림자가 길게 늘어진 것이다.

10 전파 망원경

1997년에 나온 「콘택트(Contact)」는 이제는 SF 영화의 거의 고전이 된 영화로 원작자가 『코스모스』의 칼 세이건이다. 주인공 역할을 맡은 조디 포스터가 거대한 안테나들을 배경으로 외계 지성체가 보낸 신호를 받는 장면이 유명하다. 영화의 배경이 된 곳이 미국 뉴멕시코 주에 위치한 전파 천문대 VLA(Very Large Array)다. 지름이 25미터나 되는 안테나 27개가 Y자 형태의 레일을 따라 배열되어 있는 모습이 장관이다. 실제로는 영화에서처럼 외계 신호를 수신하는 프로젝트를 시행한 것은 다른 전파 천문대다. 여러 안테나가 도열한 모습이 매우 강렬하기에 이곳에서 촬영을 결정했을 것이다. 영화에서는 전파 신호를 헤드폰을 쓰고 듣지만, 실제로는 디지털 신호를 시각화해 눈으로 본다.

미국 로스앤젤레스 공항에서부터 1200킬로미터를 달려야 하는 외진 곳인데, 어쩌다 보니 4번이나 갔다. 그런데 그때마다 모습이 달랐다. 이 27개의 안테나는 몇 달마다 그 위치를 바꾸기 때문이다. 관측 대상에 따라 넓게 펼쳤다 좁게 모았다 하며 최적화하는 것이다. 230톤이나 되는 안테나를 트랜스포터에 올려서 레일을 따라 천천히 이동시켜서 배치를 바꾸는 데 열흘 정도가 걸린다. 가장 넓은 A 배열은 반경 21킬로미터 지역에 듬성듬성 배치된다. 이때 가면 그림이 좋지 않다. 너무 넓어서 한 시야에 들어오는 안테나의 수가 몇 개 되지 않는다. 가장 좋은 것은 반경 600미터 안에 오밀조밀 배치되는 D 배열이다.

전파 천문대답게 그 근처에서는 휴대폰이 터지지 않는다. 낮에는 일반에게 개방되어 있어서 사진에 나온 안테나 아래까지 들어가 볼 수 있다. 단, 관측에 방해될 수 있으므로 핸드폰을 꺼 두어야 한다. 어차피 주변이 전파 청정 지역이라 핸드폰 전파도 안 잡힌다. 요즘은 카메라도 전파를 사용하는 것이 있어서 비행기 모드로 바꿔야 한다. 실제 관측 시에는 하늘에 떠 있는 인공 위성이나 비행기가 관측 대상을 지나가는 경우까지도 고려해야 할 만큼 민감하다고 한다.

가장 가까운 마을이 다틸(Datil)인데, 여기서부터 직선 도로가 40킬로미터 가까이 뻗어 있다. 안테나가 보이기 시작해도 한참을 더 달려야 한다. 저 멀리서 차가 오는 것을 보고 상향등을 아래로 내리면, 민망해질 수도 있다. 10분이 넘게 달려도 마주 오는 차는 아직도 저 멀리 있다. 이곳에 가면 100년 가까이 된 식당에 들러 스테이크를 꼭 먹는다. 가보고 싶으면 찾아 헤매지 않아도 된다. 식당, 주유소, 여관, 우체국 하나 정도가 마을의 전부니 말이다.

▶ 외계로 보낸 인류의 전파 메세지. "이 넓은 우주에 우리 뿐이라면, 엄청난 공간의 낭비일 겁니다." 칼 세이건이 남긴 유명한 말이다. 우주 어딘가에 지구 이외의 생명체가 존재하는 행성이 있을 것이라는 생각을 많은 사람들이 하고 있다. 1960년에 천문학자 프랭크 드레이크(Frank Drake, 1930년~)가 전파 망원경으로 외계인의 신호를 찾으려는 시도를 했다. 바로 오즈마(Ozma) 프로젝트다. 이것이 현재의 세티(SETI) 프로젝트로 이어져 오고 있다. 1974년에는 당시 세계 최대인 지름 305미터에 달하는 아레시보 전파 망원경을 이용해서 외계에 인류의 신호를 보내기도 했다. 아레시보 메시지로 불리는 이 디지털 신호는 헤라클레스자리에 있는 M13 구상 성단으로 보냈는데, 만약 그곳에 지성을 가진 외계인이 있다면, 5만 년 뒤에 답장을 받을 수 있다. 2만 5000광년 떨어져 있기 때문이다.

VLA 앞에서. 안테나 몇 개가 딴 데를 보고 있는 것은 유지 보수 중이기 때문이
다. 27개 전체 안테나가 모두 일사분란하게 움직이는 것을 본 기억이 없다. 심지
어 어떤 날은 전체 안테나를 대상으로 정비를 하고 있어서 촬영을 포기하고 돌
아서야 했다. 장비를 최상의 상태로 관리하기란 매우 어려운 일인 것 같다.

◀ 오밀조밀 모여 있는 D 배열일 때 VLA를 방문해
서 촬영했다.

전자기파의 발견

이제 전파 망원경에 대한 옛날 이야기를 해 보자. 「코스모스 오디세이」의 주제는 천문학의 역사다. 1666년에 뉴턴은 빛을 프리즘에 통과시키면 빨주노초파남보의 여러 색으로 분해되고 다시 반대로 프리즘을 통과시키면 원래의 백색광이 된다는 사실을 발견했다. 1800년에 윌리엄 허셜이 태양광선을 프리즘으로 각각의 색으로 분해한 뒤 온도를 재는 실험을 했는데, 붉은 색 파장 옆의 빈 공간에서 더 높은 온도가 측정되는 것을 보고 적외선을 발견했다. 인간의 눈에 보이지 않는 빛도 있다는 것이 우연히 발견되었다. 1895년 독일의 물리학자 빌헬름 뢴트겐(Wilhelm Röntgen, 1845~1923년)이 실험 중에 역시 우연히 엑스선을 발견했다. 이제 인류는 빛이 전자기파의 일종이라는 것을 알고 있다. 전파는 영국의 맥스웰이 그 존재를 예언하였고, 1888년 독일의 물리학자 하인리히 루돌프 헤르츠(Heinrich Rudolf Hertz, 1857~1894년)가 발견했다. 주파수 단위 헤르츠(Hz)가 바로 그 이름을 딴 것이다.

태양에서 오는 빛은 여러 가지 색의 파장이 합쳐진 것이다. 그런데 인간의 눈으로 보는 이 빛, 가시광선은 전체 전자기파에서 매우 좁은 부분일 뿐이다. 가시광선 영역보다 파장이 짧은 쪽으로는 자외선, 엑스선, 감마선이 있고, 긴 쪽으로는 적외선, 전파가 있다. 전파 영역은 상당히 넓어 서브밀리미터파, 밀리미터파, 마이크로파, 극초단파, 초단파, 단파, 중파, 장파, 초장파 등으로 다시 나누기도 한다. 파장이 짧을수록 강력해서 엑스선이나 감마선에 심하게 노출되면 생명이 위험할 수 있다. 다행히 지구의 대기가 우주에서 오는 빛의 대부분의 파장을 걸러내고 가시광선과 전파 영역 일부만 통과시킨다. 그래서 지구에 생명이 존재할 수 있고, 그 생명체들이 가시광선에 반응하도록 진화한 것이다.

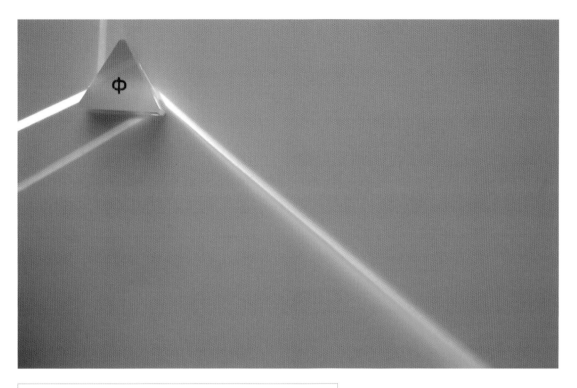

태양광을 프리즘에 통과시키면 무지개색으로 분해된다.

| 감마선 | 엑스선 | 자외선 | 가시광선 | 적외선 | 전파 |

우리 눈에 보이는 가시광선은 전체 빛, 즉 전자기파 중에서는 매우 좁은 부분일
뿐이다.

전파 망원경의 발전

1932년에 벨 전화 연구소의 칼 구스 잰스키(Karl Guthe Jansky, 1905~1950년)가 단파 통신에 끼는 잡음의 원인을 조사하다가 하루를 주기로 반복되는 정체를 알 수 없는 전파를 포착했다. 자세히 조사해 본 결과 이 전파는 은하수 중심 방향에서 오는 것이었다. 이전부터 천체에서 빛뿐 아니라 전파 등이 방출될 것이라고 추측하고 있었는데 그것이 처음으로 확인된 것이다. 이때부터 전파를 이용한 관측이 시작되었고 우주에서 별, 은하, 퀘이사, 펄서 등 전파를 방출하는 많은 천체들이 발견되었다. 대폭발 이론의 강력한 증거로 제시된 우주 배경 복사 역시 전파 관측을 통해 발견했다.

우주에서 오는 전파는 매우 약하기 때문에 전파 망원경은 그만큼 민감한 장비이다. 가능한 크게 만들고 지구에서 발생하는 전파의 간섭을 최소화할 수 있도록 도시에서 멀리 떨어진 오지, 그리고 습기가 적은 곳에 설치한다. 카리브 해의 푸에르토리코에는 지름이 305미터나 되는 아레시보 전파 망원경이 설치되어 있는데 007 영화에도 등장한 적이 있다. 중국에서 2016년에 지름 500미터짜리 전파 망원경을 만들면서 세계 최대의 자리를 내어주었다.

전파 망원경의 감도를 올리는 방법은 크게 만드는 것도 있지만, 여러 개를 만들어 배열하는 것도 있다. 미국 뉴멕시코 주의 VLA가 지름이 25미터나 되는 안테나가 27개로 이루어진 것이 대표적인 예다. 칠레 아타카마 사막 해발 5050미터 고지에 66개의 안테나가 모여 있는 ALMA도 유명하다.

'잰스키의 회전 목마'라는 별명이 붙었던 안테나 앞에 선 잰스키. 이것으로 우주에서 오는 전파의 존재를 처음으로 확인했다.

그로트 레버(Grote Reber, 1911~2002년)와 그가 만든 최초의 전파 망원경. 현대의 전파 망원경 대부분이 이 접시 모양을 따르고 있다. 그는 이것으로 우주의 전파 지도를 만들었는데, 카시오 페이아자리, 백조자리, 궁수자리 근방에서 매우 강한 전파가 나온다는 것을 발견했다.

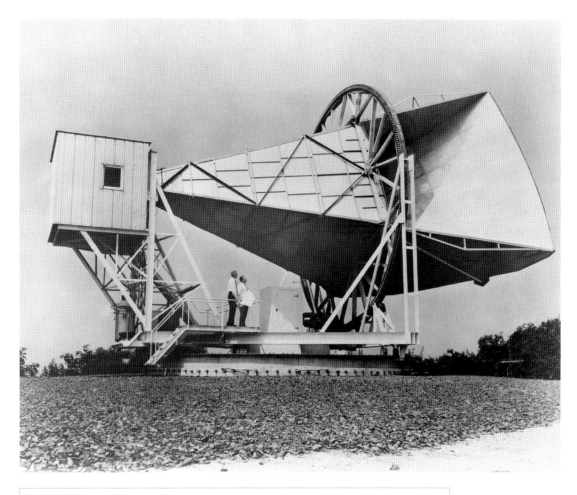

펜지어스와 윌슨이 1964년에 우주 배경 복사를 발견한 전파 망원경의 모습. 이 둘은 미국의 벨 전화 연구소에서 전파 망원경에 끼는 잡음의 원인을 찾다가 우연히 우주 배경 복사를 발견했다. 망원경을 분해했다 다시 조립도 해 보고 안테나에 붙은 비둘기 똥까지 닦아내는 등 잡음이 발생할 수 있는 원인들을 조사해 보았지만 하늘의 모든 방향에서 오는 잡음을 제거할 수 없었다. 결국 이 잡음이 바로 우주 배경 복사라는 것이 확인되어 노벨 물리학상을 받았다.

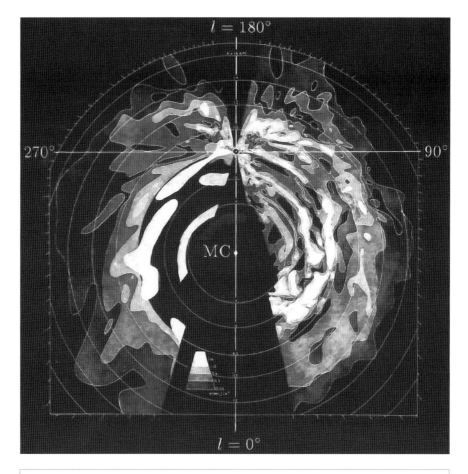

전파로 관측한 우리 은하의 모습에서 나선팔을 확인할 수 있다. 망원경으로 안드로메다 은하와 같은 외부 은하를 관측하는 것에 비해 지구가 들어 있는 우리 은하의 모습을 파악하는 것은 매우 어렵다. 1958년 네덜란드의 천문학자 얀 오르트(Jan Hendrik Oort, 1900~1992년)는 중성 수소가 내는 21센티미터 파장의 전파를 관측해서 위와 같이 우리 은하의 기체 분포 지도를 얻을 수 있었다. 이로써 우리 은하가 지름이 10만 광년 정도인 나선 은하라는 것을 알게 되었다. 최근에는 은하 중심에 막대 모양의 구조가 있다는 것이 밝혀졌다. 즉 우리 은하는 막대 나선 은하인 것이다.

아레시보 전파 망원경. 카리브해의 푸에르토리코에 있다. 자연적으로 만들어진 사발 모양의 지형을 이용해 전파 망원경을 만들었다.

▶▶ ALMA 천문대의 해질녘과 달밤의 풍경. 이 사진을 촬영한 유리 베레츠키와 스테판 귀사드는 나와 같이 TWAN(The World At Night, www.twanight.org)의 멤버이다. TWAN은 세계적으로 유명한 천체 사진가들 40명가량이 모인 단체로 2009년 세계 천문의 해 등의 행사에서 특별 프로젝트를 수행한 바 있다. 이 두 사람은 천문대의 직원으로 일하고 있기도 하다. 천체 사진을 하는데 최고의 직업 중 하나다.

전파로 본 밤하늘은 어떤 모습일까? ALMA에서 어안 렌즈를 이용해서 촬영한 밤하늘 전체의 이미지와 동일한 구도의 전파 이미지를 비교해 보자. 가시광선 영역에서는 밤하늘을 가로지르는 은하수와 수많은 별들이 보인다. 밤하늘 가운데 은하수가 가장 밝게 보이는 부분이 우리 은하의 중심부다.

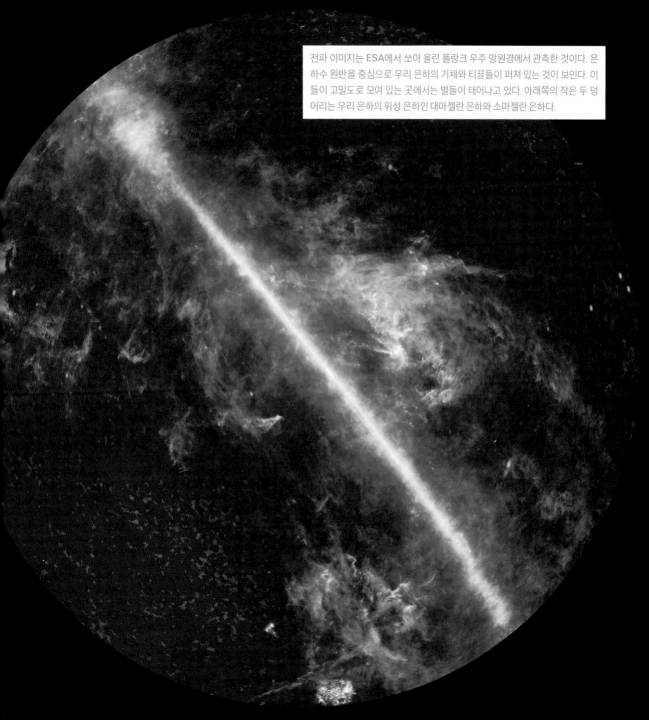

전파 이미지는 ESA에서 쏘아 올린 플랑크 우주 망원경에서 관측한 것이다. 은하수 원반을 중심으로 우리 은하의 기체와 티끌들이 퍼져 있는 것이 보인다. 이들이 고밀도로 모여 있는 곳에서는 별들이 태어나고 있다. 아래쪽의 작은 두 덩어리는 우리 은하의 위성 은하인 대마젤란 은하와 소마젤란 은하다.

ALMA에서.

영화 제작 뒷이야기: 칠레 촬영

ALMA가 위치한 아타카마 사막은 세계에서 가장 건조한 지역 중 하나다. 해발 5050미터의 높은 곳에 있어 공기마저 희박하다. 이 안테나들이 관측하는 밀리미터파, 서브밀리미터파는 대기 중의 수증기에 차단되기 때문에 이렇게 높고 건조한 곳에 만들어졌다. 공기가 희박하기 때문에 운영은 주로 해발 3000미터 정도에 위치한 베이스 캠프에서 하고 있다. 내가 방문할 때에도 건강 진단서를 제출하고, 혈압 측정 등의 의료 검사를 받고 나서야 올라갈 수 있었다.

처음 방문한 것은 2018년 6월이었다. 여름인 북반구와는 달리 한겨울인데, 하필 촬영하기로 한 시기에 폭설이 내려 도로가 폐쇄되었다. 산 아래에서 며칠을 대기하다가 결국 촬영을 못하고 돌아오고 말았다. 그리고 두 달 뒤에 지구 반 바퀴를 돌아 다시 촬영하러 가야 했다. 이 먼 곳까지 두 번씩 촬영하러 가야 했지만 그래도 CG로 제작하는 것보다 돈이 훨씬 적게 든다. 보는 이들에게 생생한 현장의 느낌을 보다 잘 전달할 수 있음은 물론이다.

두 번째는 절대로 실패하지 않겠다고 촬영 기간을 첫 방문 때보다 훨씬 여유 있게 잡아두었다. 그런데 이번에는 날씨가 너무 좋아 단 하루 만에 촬영이 끝났다. 그게 문제였다. 시간이 남으면 촬영하려고 점찍어 둔 곳이 ALMA에서 500여 킬로미터 떨어진 우유니 소금 사막이다. 지구에서 가장 큰 거울이라고 불리는데, 물에 비친 반영이 지평선 끝까지 보이는 곳이다. 별이 가득한 밤에 가면 아래위로 별들이 가득한 환상적인 경험을 할 수 있다. 아타카마에서 10시간 정도 버스를 타고 국경을 넘어 볼리비아로 가면 된다. 그런데 버스 정류장에서 우유니서 오는 버스를 기다려 거기서 온 사람을 찾아 상황을 물어보니 비가 안 와서 반영이 안 생긴다고. 그냥 하얀 소금만 온 천지라고 한다. 그래서 결국 주변 안데스 산맥을 돌아다니기로 했다.

지난 6월에 눈 때문에 크게 고생해서 이번에는 차를 사륜 구동 픽업 트럭으로 빌려서 준비했는데, 해발 4200미터 고지에서 또 눈구덩이에 빠졌다. 사륜 구동 차량도 소용이 없었

미국 뉴멕시코 주에 있는 VLA와 칠레 안데스 고원의 ALMA 전파 망원경을 VR로 체험해 보자.

다. 눈 퍼내다 쉬고 있는데, 갑자기 기관단총과 방탄 조끼로 무장한 사람들이 나타났다. 칠레 경찰들이었는데 사람 하나 안 오는 이 산속을 순찰하다 발견한 모양이었다. 그 친구들이 차를 끌어내 주더니 나를 가운데 세워놓고 둘러서서 기념 사진을 찍었다. 그 동네 경찰들 선행 실적이라고 지역 신문에 나왔을지 모르는 일이다.

　　그러고는 이제 눈이 별로 없는 지역들을 돌아다녔는데, 역시 시간이 너무 많이 남는 것이 문제였다. 다시 안데스 산지를 기웃거리기 시작했는데, 그러다 해발 4400미터 오지에서 또 차가 눈구덩이에 빠졌다. 넘어진 김에 쉬어 간다고, 주변 경치도 좋아서 밤새 촬영하면서 하루를 보냈는데, 그 곳은 정말 아무도 지나가는 사람이 없었다. 결국 차를 버리고 공기도 희박한 고지에서 27킬로미터를 걸어서 가장 가까운 마을까지 내려가야 했다. 길이 얼마나 험한지 차를 끌어내 주기 위해 왔던 차도 또 빠져서 도와주러 온 마을 사람들이랑 삽질을 꽤나 해야 했다. 사례를 톡톡히 했음은 물론이다. 한편 이 난리를 끝내고 이틀간 밥을 안 먹은 게 생각나서 가장 가까운 식당까지 37킬로미터를 달려야 했다. 촬영하러 가서 카메라를 설치해 두고 숙소에 들어왔다 다시 가는데 생각해 보니 거리가 150킬로미터 정도였다. 대전보다 먼 데를 그냥 왔다 갔다 하는 건데, 땅 넓은 동네에서는 거리 감각이 다르다.

전파 망원경으로 블랙홀의 사진을 찍다

여러 안테나들을 간섭계로 연결할 때 멀리 펼칠수록 해상도를 높일 수 있다. KVN(Korean VLBI Network, 한국 우주 전파 관측망)은 서울, 울산, 제주에 지름 21미터 전파 망원경을 각각 설치해 연결해서 관측한다. (강원도에 추가로 1개를 설치 중이다.) 아주 먼 거리의 전파 망원경들을 하나로 묶는 것을 초장기선 전파 간섭계(Very-Long-Baseline Interferometry, VLBI)라고 한다. 대륙과 대륙 너머를 연결할 수도 있다. 이벤트 호라이즌 망원경(Event Horizon Telescope, EHT)은 하와이, 남북 아메리카, 유럽, 남극 등에 위치한 전파 망원경 8곳을 연결해 지구 크기의 망원경을 구성한 프로젝트다. 지구에서부터 5500만 광년 떨어진 M87 거대 은하 가운데에 있는 태양 질량의 65억 배나 되는 초대질량 블랙홀의 이미지를 촬영하는 데 성공했다.

블랙홀은 빛도 빠져나올 수 없기에 직접 관측은 어려울 것으로 생각했는데, 인류는 결국 답을 찾은 것이다. 언제나 그랬듯이. 이 이미지를 보면 블랙홀의 강력한 중력에 의해 빨려 들어가는 물질의 흐름에서 분출되는 빛을 포착했는데, 관측자 방향으로 오는 빛은 더 밝게 나타나기 때문에 도넛 형태에서 빛의 방향에 따라 밝기의 차이가 생긴다. 그 가운데 검은 부분이 블랙홀과 블랙홀의 그림자이다.

모두 동일한 시간에 동일한 파장으로 동일한 대상을 관측해야 한다. 전파 망원경은 낮이나 밤이나 상관없이 관측할 수 있지만 관측하는 대상인 전파가 습기의 영향을 많이 받으므로 8곳 중에 하나라도 비가 오거나 하면 안 된다. 관측 대상 방향으로 인공 위성이나 비행기 등과 같은 전파원이 지나가는 것도 피해야 한다. 수억 년에 1초 이내 오차 수준의 초정밀 원자 시계를 이용했다고 한다.

인류 역사상 최초의 블랙홀 이미지. 중심의 검은 부분은 블랙홀(사건의 지평선)과 블랙홀을 포함하는 그림자이고, 고리의 빛나는 부분은 블랙홀의 중력에 의해 휘어진 빛이다. 관측자로 향하는 부분이 더 밝게 보인다.

▶ EHT를 구성하는 전 세계 8곳의 전파 망원경. 칠레 아타카마 고원에 ALMA와 APEX가 같이 있고, 하와이 마우나케아 정상에 JCMT와 SMA가 같이 있다. 남극 SPT, 멕시코 LMT, 미국 애리조나 주 SMT, 스페인 PV가 있다. 이들 각각이 하루에 만들어 내는 데이터가 350TB라고 하는데, 이것을 하드디스크들에 담아 독일 막스플랑크 전파 천문학 연구소와 미국 매사추세츠 공과 대학 헤이스택 관측소로 보내어 슈퍼 컴퓨터로 처리해 이미지를 얻어냈다.

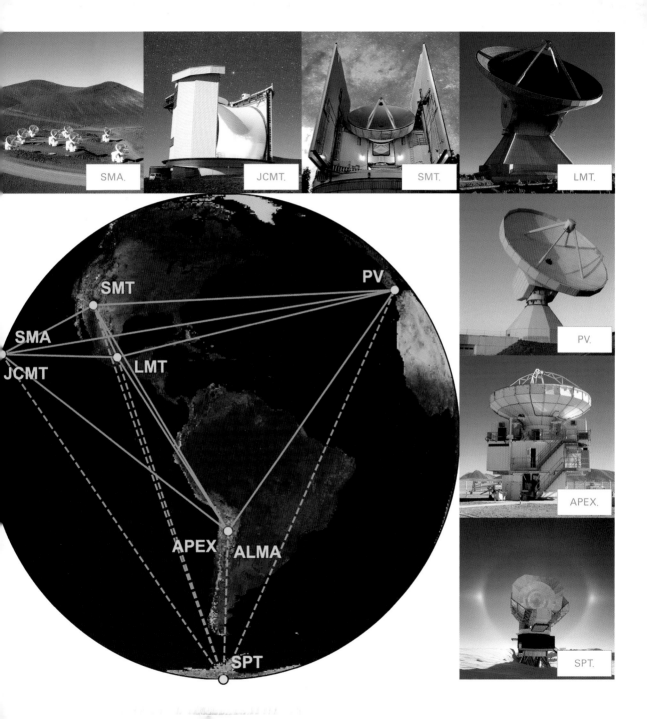

SMA.

JCMT.

SMT.

LMT.

PV.

APEX.

SPT.

SMT

PV

SMA

JCMT

LMT

APEX

ALMA

SPT

킬리만자로 산 정상 위로 엄청난 밝기의 화구가 떨어지는 순간이 찍혔다. 산에 보이는 불빛은 정상을 향해 올라가는 사람들의 헤드랜턴이다. 적도의 뜨거운 햇빛을 피해 밤에 정상에 도전하고, 새벽에 뜨는 해를 보고 내려온다. 탄자니아 킬리만자로 산, 2010년.

11   우주 망원경

우주를 관측하는 데 가장 큰 장애물의 하나가 바로 지구의 대기이다. 대기 중의 먼지와 수증기는 상을 뿌옇게 만들고, 구름이라도 끼면 관측이 불가능하다. 대기의 흔들림은 선명한 상을 맺는 것을 방해해서 망원경의 성능이 제대로 발휘되지 못하게 한다. 그래서 많은 천문대들이 대기에 의한 악영향을 조금이라도 줄이기 위해 매우 높은 고도에 위치하고 있다. 하지만 가시광선 이외의 많은 빛의 대역들이 대기를 뚫고 들어오지 못하기 때문에 지상의 망원경으로 보다 다양한 파장의 빛을 관측하는 데에는 한계가 있다. 망원경을 설치하는 데 우주보다 더 좋은 장소는 없다.

1960년대 이래 망원경이 100대 이상 우주로 발사되었다. 수많은 우주 망원경들이 감마선, 엑스선, 자외선, 가시광선, 적외선, 전파 등의 전 영역을 관측하기 위해서 발사되었다. 우주 망원경 역시 수명이 있어 연료가 떨어진 많은 망원경들은 활동을 중지하고 휴면 모드로 지구 궤도를 돌고 있거나 지구 대기권에서 불타 사라졌다.

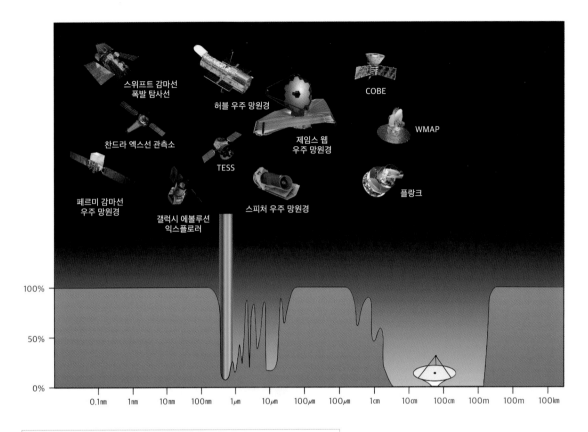

스위프트 감마선
폭발 탐사선

허블 우주 망원경

COBE

WMAP

찬드라 엑스선 관측소

제임스 웹
우주 망원경

TESS

페르미 감마선
우주 망원경

플랑크

갤럭시 에볼루션
익스플로러

스피처 우주 망원경

100%

50%

0%

0.1nm   1nm   10nm   100nm   1μm   10μm   100μm   100μm   1cm   10cm   100cm   100m   100m   100km

파장별로 지구 대기에서 흡수되는 정도를 나타낸 그림. 가시광선보다 파장이
짧은 자외선, 엑스선, 감마선은 지구 대기를 통과하지 못한다. 가시광선보다 긴
파장도 일부 전파 영역만 지구 대기를 통과할 뿐 나머지 대부분은 지구 대기에
차단된다. 이런 파장은 대기권 밖에서 관측할 수밖에 없다.

파장별 관측의 예

여러 가지 파장으로 관측하는 것이 천문학적으로 얼마나 많은 도움이 되는지 센타우루스자리 A 타원 은하의 사례를 통해 알아보자. 센타우루스자리 A는 밤하늘에서 네 번째로 밝게 보이는 은하인데, 강력한 전파를 발산하는 것으로도 유명하다.

칠레 라 실라 천문대에 있는 2.2미터 구경의 망원경으로 촬영한 사진이다. 가시광선 영역에서는 타원 은하의 형태와 가운데를 가로지르는 검은 띠가 인상적으로 보인다.

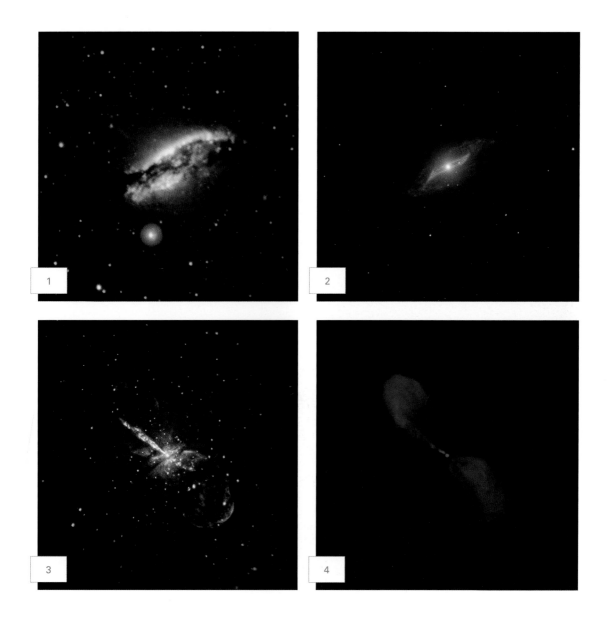

1. 갤럭시 에볼루션 익스플로러(Galaxy Evolution Explorer, GALEX)에서 자외선으로 본 모습. 고온의 큰 별에서 자외선이 강하게 방출된다. 은하에서도 새 별이 생성되는 지역이 자외선에서 두드러진다. 왼쪽 위 귀퉁이 방향으로 길게 뻗어나간 희미한 형태는 은하 중심의 블랙홀에서 분출되는 강력한 제트의 영향으로 별이 생성되는 지역이다.

2. NASA의 스피처 우주 망원경(Spitzer Space Telescope)으로 촬영한 적외선 사진이다. 적외선으로는 먼지층을 뚫고 은하 내부를 볼 수 있다. 예전에 충돌해 합쳐진 나선 은하의 잔해가 은하 가운데에 붉게 보이고 있다.

3. 찬드라 엑스선 관측소(Chandra X-ray Observatory)에서 촬영한 엑스선 이미지다. 엑스선 중에서도 에너지가 낮은 쪽은 붉은색, 높은 쪽은 푸른색으로 처리했다. 은하 중심의 초대질량 블랙홀에서 나오는 강력한 물질의 흐름인 제트가 왼쪽 위로 뻗어 나오는 것이 보인다.

4. VLA 전파 망원경으로 촬영한 전파 영역의 이미지. 은하 핵으로부터 엄청난 속도로 물질들이 방출되는 것이 포착되었다. 과학자들이 측정해 본 결과 안쪽에서는 광속의 절반 정도의 속도로 움직이고 있다고 한다.

여러 파장의 이미지를 합성해 하나의 이미지로 구성한 것이다. 가시광선으로 촬영한 이미지와 비교해 보면 얼마나 많은 정보를 담고 있는지 알 수 있을 것이다. 은하의 먼지와 기체로 뒤덮인 내부에서 어떤 일이 일어나는지 알아내려면 여러 파장을 이용한 관측이 필요하다.

허블 우주 망원경과 그 후계자

위대한 천문학자 허블의 이름을 딴 허블 우주 망원경(Hubble Space Telescope)은 역사상 가장 유명한 우주 망원경일 것이다. 1990년에 우주 왕복선 디스커버리 호에 실려 지구 상공 약 540킬로미터 궤도에 올려졌다. 그 후 망원경을 가동해 보니 해상도가 심각하게 떨어지는 문제가 발견되었다. 반사경을 연마하는 과정에서 오류가 있어서 초점이 정확하게 맺히지 않았던 것이다. 다행히 허블 우주 망원경이 지구 저궤도에 위치하고 우주 왕복선을 이용해서 정비하는 것으로 계획되었기에, 1993년에 보정 광학계를 설치해 해결할 수 있었다. 정비를 하려면 우주 왕복선이 지구에서 출발해 허블 우주 망원경에 접근해 기계팔로 잡아서 우주 비행사들이 직접 우주 공간에서 작업해야 한다. 매우 어렵고 많은 예산이 소요된다. 이 과정은 영화 「허블 3D」로 제작되어 상영되었으며, 영화 「그래비티(Gravity)」도 허블 우주 망원경을 수리하러 갔던 우주 비행사들이 사고를 겪는다는 이야기다. 허블 우주 망원경은 2009년까지 총 5번의 정비를 통해 수리하거나 최신 장비로 교체하며 지금까지 잘 작동하고 있다.

우주 왕복선 디스커버리 호에서 수리를 위해 접근할 때 촬영한 허블 우주 망원경.

허블 우주 망원경의 지름 2.4미터의 반사경을 제작하는 모습.

허블 우주 망원경의 반사경은 지름 2.4미터로 지상의 망원경에 비해 크지 않다. 하지만 대기의 영향을 받지 않기 때문에 최고의 이미지를 만들어 낸다. 지구에서 완전히 깜깜한 밤은 존재하지 않는다. 광해가 없고 달도 없는 깜깜한 밤이라고 해도 대기에서 미약한 발광이 있기 때문이다. 극지방에서 볼 수 있는 오로라와 비슷한 원리로, 대기 중의 공기 입자가 태양으로부터의 자외선 등의 에너지를 받아 빛을 방출한다. 국제 우주 정거장에서 촬영한 지구 사진을 보면 대기권 위에 연한 초록색으로 만들어지는 경계가 바로 대기광에 의한 것이다. 밤하늘의 배경 밝기가 밝아지면 이보다 어두운 희미한 대상은 지상에서 관측이 어렵다. 허블 우주 망원경은 지상에서는 대기에 차단되는 근적외선과 자외선 영역도 관측할 수 있다. 허블 우주 망원경은 우리 우주의 매우 깊숙한 곳까지 밝혀냈다.

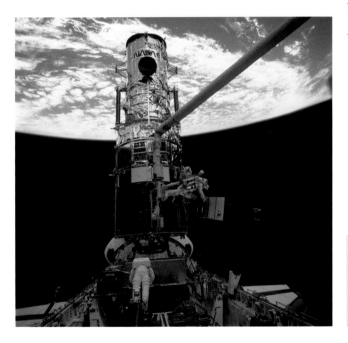

우주 공간에서 정비 중인 허블 우주 망원경. 1993년의 첫 번째 정비 임무 중에 촬영된 것이다. 지구를 배경으로 아래에 우주 왕복선 엔데버 (Endeavour) 호가 보이고 기계팔에 의지한 우주 비행사가 작업 중이다.

국제 우주 정거장에서 바라본 지구. 지표면 위로
보이는 연두색 층이 바로 대기광이다.

허블 우주 망원경의 수명이 다해감에 따라 후속으로 제임스웹 우주 망원경(James Webb Space Telescope)이 준비되고 있다. 허블과는 달리 적외선 파장을 주로 관측해 관측 가능한 우주의 초기 상태에 대해 연구하는 것을 목표로 하고 있다. 18개의 육각형 조각으로 나뉜 반사경의 총 지름은 6.5미터로 허블의 2.5배에 달한다. 허블은 지구 저궤도에 위치해 우주 왕복선이 접근해 수리나 정비가 가능했지만, 이것은 지구에서 150만 킬로미터나 떨어진 태양과 지구의 중력이 평형을 이루는 지점, 즉 라그랑주 점(Lagrangian point)에 위치하므로 발사 이후 우주 비행사가 직접 가서 유지 보수하는 것은 계획되어 있지 않다. 참고로 달까지의 거리가 약 40만 킬로미터로 이보다 훨씬 먼 거리다.

허블 우주 망원경의 후임 망원경에 이름을 남긴 제임스 웹(James Edwin Webb, 1906~1992년)은 NASA의 2대 책임자였다. 1961년부터 달 착륙 직전인 1968년까지의 재임 기간 중에 있었던 대부분의 주요 유인 우주 탐사를 이끌었다. 허블 우주 망원경과 제임스웹 우주 망원경 이외에도 우주 배경 복사를 관측한 WMAP, 찬드라 엑스선 망원경, 페르미 감마선 우주 망원경(Fermi Gamma-ray Space Telescope) 등 많은 우주 망원경들에 사람들의 이름이 붙어 있다. 우주에 이름을 남기고 싶으면 과학자가 되는 것도 좋은 방법이다.

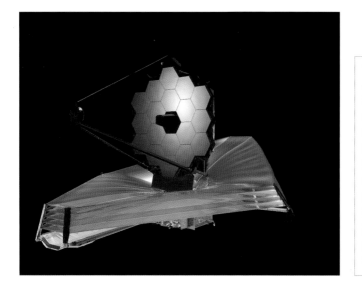

제임스웹 우주 망원경은 차곡차곡 접힌 상태로 발사되어 우주 공간에서 펼쳐지게 된다. 아래쪽의 다섯 겹의 막은 반사경을 태양 등의 빛에서 보호한다. 주로 관측하는 파장이 적외선 대역이므로 망원경의 온도는 극도로 낮게 유지되어야 한다. 그래서 이렇게 넓은 막을 사용하는데, 망원경이 있을 위치에서 태양, 지구, 달이 모두 같은 방향이어서 차폐하기 어렵지 않다. 지름 2.4미터의 허블 우주 망원경에 비해 제임스웹 우주 망원경의 반사경의 지름은 6.5미터로 집광력이 7배나 된다. 베릴륨 소재에 금으로 코팅되어 있다. 이렇게 반사경의 크기가 커졌음에도 망원경의 전체 무게는 허블의 절반 밖에 되지 않는다.

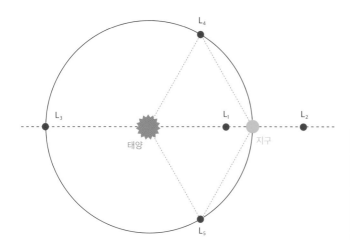

라그랑주 점은 두 천체의 중력이 균형을 이루어 작은 천체가 정지해 있을 수 있는 장소이다. 5개의 위치가 존재하는데, 제임스웹 우주 망원경이 위치할 지점이 그림에서 L2로 표시된 지점으로 태양과 지구 같은 방향이므로 차광판으로 가리고 관측하기가 쉽다.

'창조의 기둥'이라고 이름 붙은 유명한 허블 이미지이다. 7000광년 떨어진 독수리 성운의 성간 기체와 먼지 덩어리를 촬영한 사진이다. 이들은 새로운 별을 만드는 과정에 있다.

웨스터룬드(Westerlund) 2라고 불리는 약 3000개의 별로 이루어진 거대 성단의 허블 이미지. 별들이 태어나는 요람이다. 이들은 태어난 지 200만 년밖에 되지 않았는데, 우리 은하에서 가장 뜨겁고 밝고 무거운 별들을 포함하고 있다. 이들이 핵융합을 시작하면서 격렬한 항성풍이 불어 이들을 감싸고 있던 수소 기체 구름을 밀어내고 있는데 고밀도 지역들은 덜 침식되어 짙은 색의 기둥 같은 모습으로 보인다.

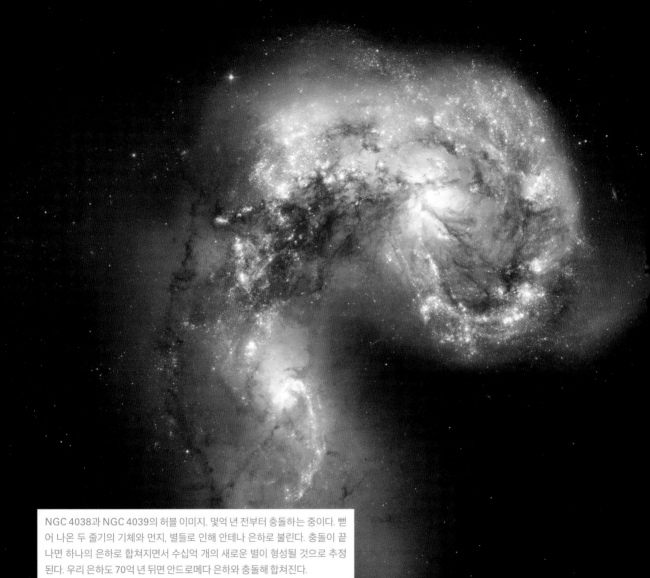

NGC 4038과 NGC 4039의 허블 이미지. 몇억 년 전부터 충돌하는 중이다. 뻗어 나온 두 줄기의 기체와 먼지, 별들로 인해 안테나 은하로 불린다. 충돌이 끝나면 하나의 은하로 합쳐지면서 수십억 개의 새로운 별이 형성될 것으로 추정된다. 우리 은하도 70억 년 뒤면 안드로메다 은하와 충돌해 합쳐진다.

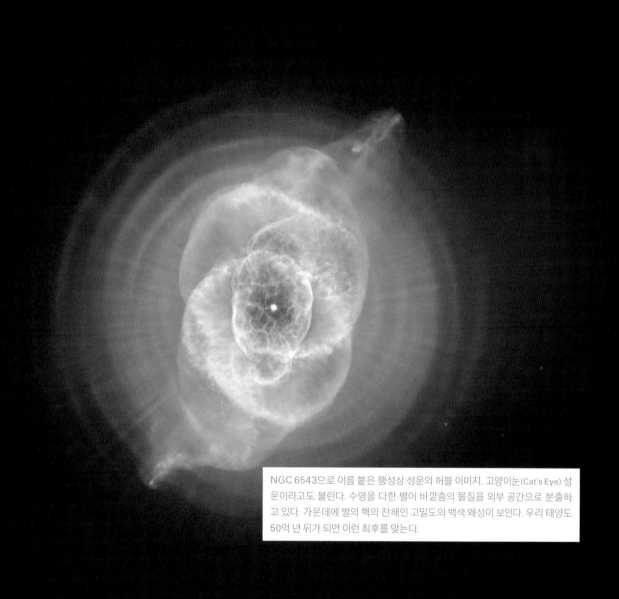

NGC 6543으로 이름 붙은 행성상 성운의 허블 이미지. 고양이눈(Cat's Eye) 성운이라고도 불린다. 수명을 다한 별이 바깥층의 물질을 외부 공간으로 분출하고 있다. 가운데에 별의 핵의 잔해인 고밀도의 백색 왜성이 보인다. 우리 태양도 50억 년 뒤가 되면 이런 최후를 맞는다.

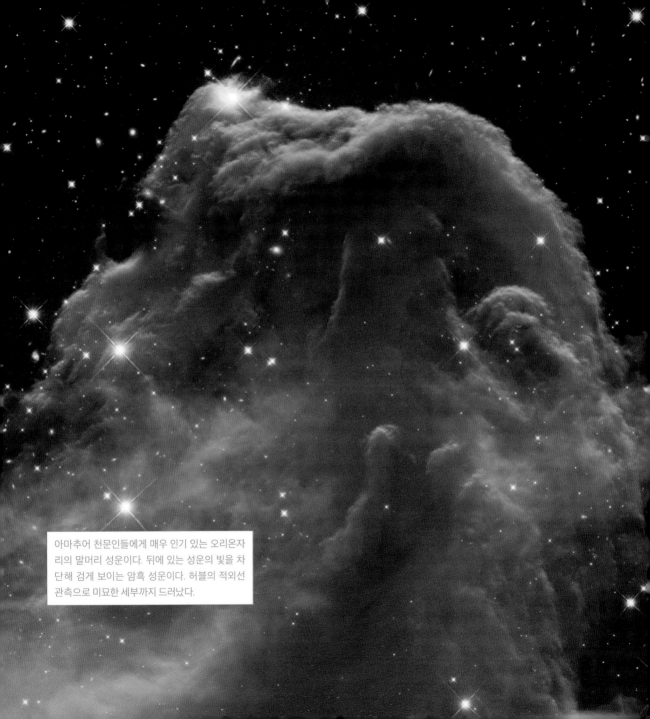

아마추어 천문인들에게 매우 인기 있는 오리온자
리의 말머리 성운이다. 뒤에 있는 성운의 빛을 차
단해 검게 보이는 암흑 성운이다. 허블의 적외선
관측으로 미묘한 세부까지 드러났다.

허블 우주 망원경의 책임자였던 로버트 윌리엄스는 아무것도 없는 하늘의 빈 공간을 오랜 노출로 촬영해 보기로 했다. 1995년 큰곰자리의 아주 작은 빈 공간을 촬영했더니 한 장의 사진에 약 3000개의 은하가 찍혀 나왔다. 이중 일부는 120억 광년이나 떨어진 그때까지 촬영된 가장 오래된 은하였다. 허블 딥 필드(Hubble Deep Field)라고 불리는 사진이다. 이 사진이 미친 영향은 매우 컸다. 우주에서 멀리 있다는 것은 그만큼 오래전 과거의 모습을 보는 것인데, 우주 태초의 모습에 가장 가까운 것이기 때문이다. 그래서 허블이 장비를 업그레이드 할 때마다 비슷한 작업을 계속 수행했고, 2003년에 화로자리의 어두운 좁은 부분을 촬영했더니 1만 개 가까운 은하가 찍혀 나왔다. 허블 울트라 딥 필드(Hubble Ultra Deep Field)라고 불리는 바로 이 사진이다. 가장 작고 붉게 보이는 약 100개 정도의 은하는 알려진 가장 멀리 있는 것으로서 대폭발 이후 불과 8억 년 뒤의 모습이다. 2009년에는 허블 익스트림 딥 필드(Hubble Extreme Deep Field)라고 불리는 사진을 촬영해서 대폭발 이후 5억 년의 아주 초기의 은하들의 모습을 담아냈다.

우주 배경 복사를 관측한 COBE, WMAP, 플랑크

대폭발 이론에 따르면 우주가 생긴 지 38만 년 정도 지나서야 비로소 빛이 공간을 자유롭게 지나갈 수 있을 정도로 밀도가 낮아졌다고 한다. 이때 퍼져 나온 최초의 빛이 온 우주를 가득 메우고 있을 것이라고 1948년 앨퍼와 허먼이 예측했다. 1964년 펜지어스와 윌슨이 우연히 우주 배경 복사를 발견했다.

한편 초기의 우주는 어느 방향으로나 거의 균일하지만 아주 미세한 차이가 있어야 초기 물질들이 중력으로 뭉쳐서 별과 은하를 형성할 수 있다. 과학자들은 우주 초기의 상태를 이해하기 위해 최초의 빛인 우주 배경 복사를 관측할 계획을 세웠다. 그 첫 번째가 1989년에 발사된 COBE(Cosmic Background Explorer)다. COBE는 대폭발 이론에서 예측한 것과 거의 완벽하게 일치하는 결과를 얻었다. 2001년에는 WMAP이 발사되어 더욱 정밀한 관측 결과를 얻었다. 여기에서 우주의 나이를 137억 년으로 추정했다. 2009년에는 플랑크가 발사되어 훨씬 더 정밀한 관측을 수행했다. 여기에서 우주의 나이가 138억 년으로 수정되었다. 우주 초기의 미세한 상태를 분석하면 우주의 나이 이외에도 우주에 분포하는 물질과 암흑 물질, 암흑 에너지 등의 비율, 그리고 우주의 팽창 속도를 결정하는 허블 상수 등 여러 가지 우주에 대한 중요한 물리적 상태에 대한 값을 얻을 수 있다.

COBE.

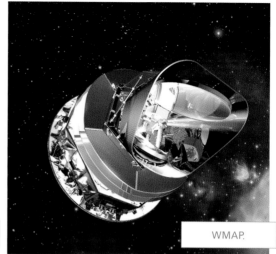

WMAP.

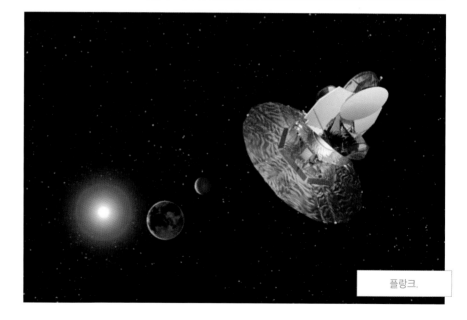

플랑크.

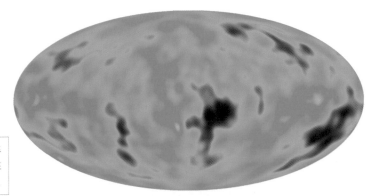

COBE가 관측한 우주 배경 복사 이미지. 푸른색의 차가운 부분과 초록색의 약간 더 뜨거운 부분의 차이는 10만분의 1에 불과하다.

WMAP이 관측한 우주 배경 복사 이미지. 해상도가 높아졌다.

플랑크가 관측한 우주 배경 복사 이미지. 해상도가 더 높아졌다.

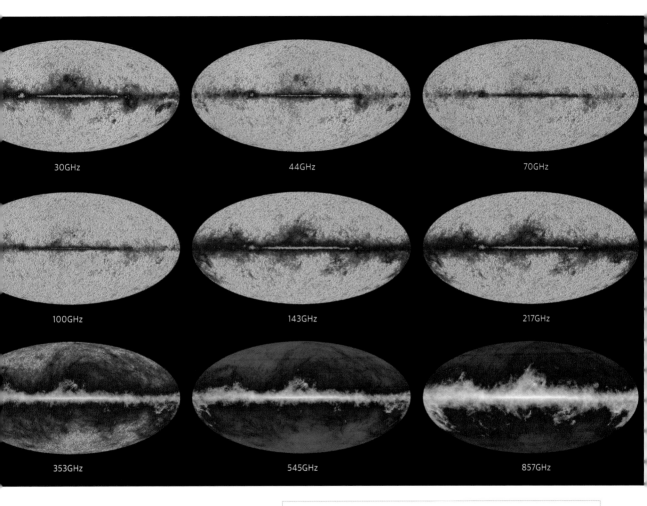

30GHz 44GHz 70GHz

100GHz 143GHz 217GHz

353GHz 545GHz 857GHz

전 방향의 깨끗한 우주 배경 복사를 얻는 것은 보통 일이 아니다. 플랑크에서 각 파장별로 관측한 데이터를 보면 우리 은하의 먼지와 외부 은하 등 수많은 방해물들로 가득하다. 각각의 방해물에 대한 분석을 통해 하나씩 그 영향을 제거하는 지리한 과정 끝에 우주 배경 복사의 지도가 완성된다.

케플러 우주 망원경.

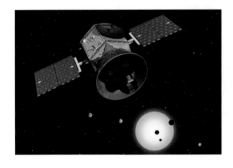

TESS.

외계 행성을 탐색하는 케플러와 TESS

우주에서 생명이 존재하는 행성이 지구뿐일까? 많은 과학자들은 그렇지 않다고 생각한다. 그리고 실제로 생명이 존재하는 외계 행성을 찾는 일을 하고 있다. 그것이 성공한다면 그것도 우주 망원경이 발견할 가능성이 매우 높다. NASA에서 2009년에 발사한 케플러(Kepler) 우주 망원경은 2018년 연료가 떨어져 퇴역할 때까지 2600개가 넘는 외계 행성을 발견했다. 그때까지 인류가 발견한 전체 외계 행성의 70퍼센트가 넘는 숫자다.

외계 행성을 찾는 방법은 여러 가지가 있다. 이중에서 케플러 우주 망원경이 사용한 방법은 별 앞에 행성이 지나갈 때 미세하게 어두워지는 패턴을 분석해 어떤 행성이 있는지 알아내는 것이다. 만약 다른 별에서 태양 앞에 지구가 지나가면서 가리는 것을 관찰한다면 태양의 빛이 1만분의 1 약해지는 정도이므로 매우 정밀한 관측이 필요하다.

NASA에서는 2018년 TESS(Transiting Exoplanet Survey Satellite)를 발사했다. 케플러보다 400배나 넓은 지역에서 20만 개의 별을 조사해서 어떤 행성이 존재할지 탐사하게 된다.

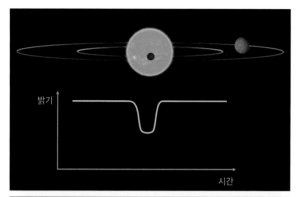

별 앞에 작은 행성이 지나가면 미세하게 어두워
진다.

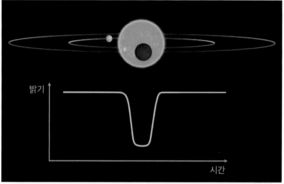

별 앞으로 큰 행성이 지나가면 그 면적에 따라 더
많이 어두워진다.

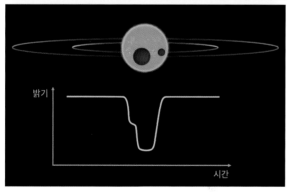

여러 행성이 별 앞을 지나가는 경우 그 패턴을 분
석해서 어떤 행성들이 있는지 알아낼 수 있다.

결국 외계인은 발견될 것인가?

이제까지 외계인을 찾기 위한 시도는 많았다. SETI 계획은 현재도 진행 중이다. 사실 UFO를 발견할 확률이 가장 높은 곳은 천문대다. 아니면 나 같은 천체 사진가. 밤새 하늘에 대고 사진을 찍어 대는데, 어쩌다 하늘 보는 사람들보다 UFO를 발견할 확률이 당연히 높다. 그런데 전 세계의 어떤 천문대나 천체 사진가들도 UFO 사진을 찍었다고 하는 것을 들어본 기억이 없다. 왜냐하면 UFO는 말 그대로 미확인 비행 물체(Unidentified Flying Object)인데, 알고 보는 사람들에게는 확인된 비행 물체이기 때문이다.

금성이 최대 밝기일 때 다른 밝은 행성과 같이 무리 지어 보이면 UFO로 신고되는 경우가 많다고 한다. 군에서 쏘는 조명탄이나 풍등 날리기 행사에서 저 높은 곳까지 올라간 풍등들도 UFO로 신고되는 일이 있다. 가장 많이 착각하는 것은 인공 위성이다. 인공 위성의 태양 전지판이 태양빛을 잘 반사하는 각도가 되면 매우 밝게 빛난다. 그리고 빠르게 직선으로 움직이다 갑자기 사라진다. 회전하는 것들은 밝기가 규칙적으로 변한다. 심지어 편대 비행하는 인공 위성들도 있다. 흔치 않게 로켓을 발사하는 장면이 포착되기도 한다. 이런 경우에는 정말로 UFO라고 느낄 수도 있겠다.

그렇다고 내가 외계인의 존재를 부정하는 것은 아니다. 세이건이 이야기했듯이 우주는 우리 인류만 존재하기에는 너무나 넓다. 단지 너무 넓어서 아직까지 외계의 지적 생명체들이 우리를 방문하지는 못했을 것이다. 그들이 지구를 방문했다면 자기를 찾아왔을 텐데, 그렇지 않은 걸 보면 아직 안 온 것 같다는 것이다. 나는 멀지 않은 미래에 외계 생명이 존재하는 증거를 찾을 수 있을 것이라고 믿는다. 아마도 TESS가 발견할 것 같은 느낌이다. TESS에서 생명이 존재할 만한 조건을 가진 행성을 발견하면 지상과 우주의 망원경을 이용해서 정밀 관측해서 생명체의 존재 여부, 그리고 그들이 지적 생명체로 진화했는지, 핵을 사용할 정도로 과학이 발전했는지 등을 알아낼 수 있다고 한다.

◀ TESS는 전 하늘을 26개의 부분으로 나누어 관측을 진행한다. 가운데 우리 은하 방향을 제외한 거의 전 지역을 대상으로 하고 있다.

스페이스엑스 사(Space X)의 팰콘9 로켓과 비행운이 포착되었다. 특히 군사적 목적으로 발사하는 로켓의 경우 매우 이상한 형태의 빛과 궤적을 남기는 것들이 있어 UFO로 오인되기도 한다.

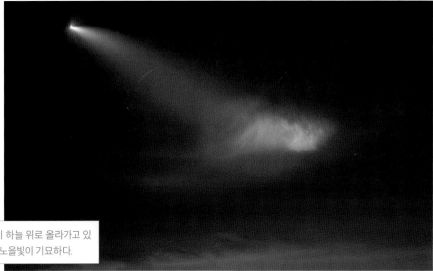

스페이스엑스 사의 로켓이 하늘 위로 올라가고 있다. 비행운과 빛에 반사된 노을빛이 기묘하다.

서호주에서 촬영한 사진이다. 오른쪽 하늘에 빛나는 세 궤적은 인공 위성의 불빛이다. 특히 해가 진 직후, 해뜨기 전에 태양 빛에 잘 반사되기 때문에 많이 보인다. 아마도 우리 후손들은 은하수보다 빛나는 인공 위성들의 빛무리에 더 익숙해질지도 모른다.

120 필름을 사용하는 중형 카메라로 촬영한 사진이다. 롤라이플렉스 SL66이라는 정사각형 포맷의 카메라다. 서쪽으로 지는 별과 달의 궤적이 표현되었다. 소백산, 2001년.

빛을 보지 않는 망원경

과학자들은 우주의 비밀을 푸는 데 아주 작은 단서가 될 만한 것도 놓치지 않으려 노력하고 있다. 광학 망원경이나 전파 망원경이나 모두 빛, 즉 전자기파를 관측하는 것인데, 이 외에도 우주에서 날아오는 입자들을 검출하는 기기들, 그리고 최근에는 아인슈타인이 예언한 중력파를 감지하는 시설들이 만들어져 성과를 내고 있다. 이런 것들은 생김새나 구조 자체가 일반 망원경과는 매우 다르다.

수퍼카미오칸데

수퍼카미오칸데(Super-Kamioka Neutrino Detection Experiment, Super-Kamiokande)는 일본 기후현의 폐광산을 개조해서 만든 첨단 연구 시설이다. 지하로 1000미터를 들어가야 하는 곳에 지름 40미터, 높이 42미터에 달하는 대형 수조가 있다. 5만 톤에 달하는 순수한 물이 가득 차 있고, 벽면은 지름 50센티미터 크기의 감지기 1만 1000여 개가 빈틈없이 배열되어 있다. 이 엄청난 규모의 시설은 중성미자(neutrino)를 감지하기 위한 것이다. 중성미자는 질량이 0에 가깝고 속도는 빛에 가까우며, 빛 다음으로 우주에 많이 존재하는 입자임에도 일반 물질과는 거의 반응하지 않는 유령 같은 입자다. 지금 이 순간에도 우리 몸을 초당 수조 개의 중성미자가 통과하고 있지만 아무 일 없이 그냥 지나간다.

　이런 특성이 있기에 중성미자를 감지하기 위한 시설은 땅속이나 남극의 얼음 속에 설치하고 있다. 이런 곳은 우주에서 오는 다른 입자들이 거의 도달하지 못하기에 중성미자를 검출하기에 최적이다. 수많은 중성미자 중 매우 낮은 비율로 일반 물질과 반응할 때 푸른 빛이 나오는데, 슈퍼카미오칸데에 설치된 광센서들이 이를 감지해 낸다. 우리나라도 기초과학연구원에서 강원도 정선 한덕철광 1100미터 지하에 우주 입자 연구 시설을 구축하고 있다. 2020년에 완공되면 중성미자와 암흑 물질에 대한 실험을 진행할 예정이다.

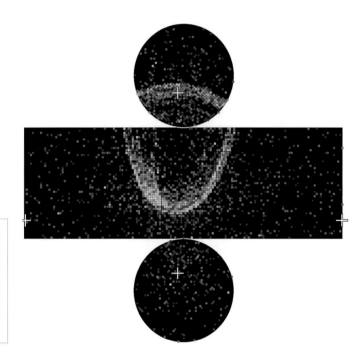

중성미자는 태양과 같은 별에서 핵융합 과정에서 방출되고, 특히 초신성 폭발이 일어날 때 대규모로 방출된다고 한다. 1987년에 대마젤란 은하에서 초신성 폭발이 발견되었을 때에 슈퍼카미오칸데에서 여기로부터 온 중성미자를 감지해 냈다. 그때에도 위와 같은 고리 모양의 푸른 빛이 발생했다. 원통 형태를 전개도로 펼쳤다.

슈퍼카미오칸데의 내부. 수많은 광센서들로 빽빽하게 둘러싸인 초현실적인 공간이다. 유지 보수 작업 중에 촬영한 사진이며, 실험 중일 때에는 순수한 물로 가득 차 있다.

슈퍼카미오칸데 벽면에 광센서를 설치하는 모습. 하나하나의 지름이 약 50센티미터에 달한다.

우리나라에서도 강원도 정선군의 철광 지하 1100미터에 우주 입자 연구 시설을 구축해 암흑 물질 탐색과 중성미자의 질량 측정에 나설 예정이다.

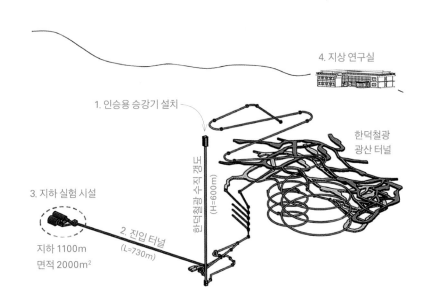

4. 지상 연구실

1. 인승용 승강기 설치

한덕철광 광산 터널

한덕철광 수직 갱도
(H=600m)

3. 지하 실험 시설

지하 1100m
면적 2000m²

2. 진입 터널
(L=730m)

아이스큐브

남극의 얼음 속에도 중성미자를 감지하기 위한 시설이 설치되었다. 얼음에 구멍을 뚫고 86개의 케이블에 각각 60개의 탐지기를 달아 1.45~2.45킬로미터 아래로 내려 보냈다. 아이스큐브(IceCube South Pole Neutrino Observatory)를 남극에 설치한 이유는 남극의 얼음이 불순물 없이 깨끗하고 밀도가 높아 중성미자의 반응 여부를 확인하는 데 적합하기 때문이다. 중성미자가 얼음 원자와 부딪히면서 만들어 내는 푸른 섬광을 탐지기가 검출해 낸다.

남극의 얼음에 구멍을 뚫어 케이블에 연결된 탐지기를 내려 보낸다.

아이스큐브 건물 위로 남극의 오로라가 빛난다.

피에르 오제 관측소

아르헨티나 고지대에는 3000제곱킬로미터나 되는 넓은 곳에 플라스틱 물통 같은 시설이 흩어져 있는 기묘한 장소가 있다. 각각의 물통에는 순수한 물이 12톤씩 들어 있고 민감한 광센서가 달려 있다. 피에르 오제 관측소(Pierre Auger Observatory)의 이 장비들은 우주에서 날아오는 초고에너지 입자들을 관측하기 위한 것이다. 주로 원자핵으로 이루어진 이 입자들이 어디서 오는지, 이들이 지구 환경에 미치는 영향은 어떤지를 연구한다.

천문학적 규모의 피에르 오제 관측소의 연구 장비.

중력파를 관측하다

중력파는 1915년에 아인슈타인이 상대성 이론에서 그 존재를 예측했다. 중력에 의해서 큰 질량의 주변 시공간이 휘어져 있는데, 천체의 충돌과 같은 현상에서 대규모의 질량이 급격하게 에너지로 변환되면 시공간이 크게 흔들리면서 그 파동이 퍼져 나간다는 것이다. 하지만 아인슈타인도 이것을 실제로 관측하는 것은 어려울 것이라고 했다. 왜냐하면 너무나 미세한 변화이기 때문이다. 태양에서 가장 가까운 별이 4광년 떨어져 있는데, 이 별에 지구인과 비슷한 외계인이 산다면, 그 머리카락 굵기를 감지해야 하는 정도라고 한다.

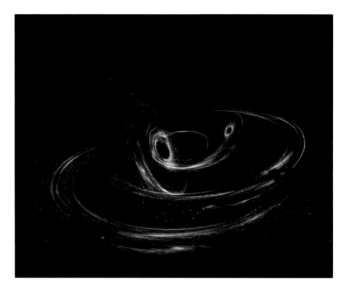

두 블랙홀이 충돌하기 직전을 상상한 그림. 태양의 약 3배에 해당하는 질량이 순간적으로 에너지로 변환되었다고 한다. 우주 전체에서 초당 방출되는 빛 에너지보다 최대 50여 배 더 큰 막대한 양이다

그런데 100년 만인 2015년에 관측에 성공했다. 13억 광년 떨어진 멀고 먼 은하계 저편에서 두 블랙홀이 충돌하면서 생긴 중력파를 관측한 것이다. 이후 중성자별이 충돌할 때 생기는 중력파 등을 추가로 관측했다. 이제 인류는 전자기파 이외에 또 하나의 강력한 관측 도구를 갖게 되었다. 블랙홀, 중성자별 내부에서 일어나는 현상을 직접 들여다볼 수 있게 된 것이다.

이탈리아에 설치된 VIRGO의 모습. 길이 3킬로미터에 달하는 진공 튜브가 ㄴ자 모양으로 설치되어 있다.

최초로 중력파를 관측한 라이고(LIGO, Laser Interferometer Gravitational-wave Observatory, 라이고 간섭계 중력파 관측소)는 4킬로미터 길이의 진공 터널이 ㄴ자 모양으로 붙어 있다. 이 양 끝에 거울이 붙어 있어, 이 사이를 레이저가 왕복하는 간섭계가 구성되어 있어 극도로 미세한 공간의 변화도 측정할 수 있다고 한다. 중력파가 발생하는 방향을 알기 위해서는 서로 먼 거리에 여러 개의 관측소가 있어야 한다. 현재 미국 서북부의 핸퍼드, 남동부 리빙스턴에 2개가 운영되고 있다. 이탈리아 피사 인근에 3킬로미터 길이의 VIRGO가 만들어졌다.

영화 제작 뒷이야기: CG로 만든 슈퍼카미오칸데

슈퍼카미오칸데는 직접 가서 촬영할지 고민하던 곳이다. 새로 나온 「코스모스」 다큐멘터리에서는 닐 디그래스 타이슨이 탱크 내부까지 들어가서 고무 보트 위에서 중성미자에 대해서 설명하는 장면이 나온다. 그건 「코스모스」니까 가능한 촬영이고 촬영 허가를 받는 것은 쉽지 않다. 그래서 이 부분은 결국 CG로 제작하기로 했다. 하지만 최대한 실제와 비슷하게 만들기 위해서 실제로 견학 갔다 오신 분에게서 받은 사진들과 공개된 내부 구조 등의 자료를 최대한 활용했다. 결과는 대성공. 시연을 본 사람들 반응은 '언제 여기까지 갔다 왔냐?'였다. 실사 촬영으로 착각할 만큼 잘 만들어졌다. 특히 땅속으로 들어가는 광산의 갱도를 VR에서 몰입감이 강하게 느껴지도록 제작해 재미를 주었다.

슈퍼카미오칸데! 땅속 1000미터에 숨겨진 엄청난 관측 시설을 VR로 체험해 보자.

슈퍼카미오칸데로
들어가는 지하 갱도.

◀ CG로 제작한 지
하 갱도.

실제 슈퍼카미오칸데 입구.

◀ CG로 제작한 슈퍼카미오칸데 입구.

필름 시절에는 감도가 높지 않아서 은하수가 잘 드러나게 하려면 노출 시간을
오래 줘야 했다. 그동안 별이 흐르지 않게 추적하는 장치를 사용했다. 별이 점으
로 나타난 대신 배경의 나무들이 흐른 것을 볼 수 있다. 강원도 치악산, 1995년.

13   우주의 끝까지

과학이 발전함에 따라 우리가 아는 우주의 시공간의 범위 또한 같이 넓어져 왔다. 우리 지구가 세상의 중심인 줄 알았는데, 태양을 도는 작은 행성일 뿐이었다. 그 태양도 우리 은하계 변두리의 작은 별일 뿐이었고, 이 우주에는 이런 은하계가 수없이 많이 있다. 이제 우리 인류는 우주의 시작부터 현재를 넘어 미래를 바라보고 있다.

인류는 직접 우주에 진출하고 있다. 벌써 50년도 전에 달에 갔다 왔고, 우주 정거장과 수많은 인공 위성들이 지구 주변을 돌고 있다. 태양계의 행성과 그 위성들, 그리고 소행성과 혜성에 탐사선을 보냈다. 보이저 1호와 2호는 태양계를 넘어 성간 공간을 항해하고 있다.

최초의 인공 위성, 최초의 우주인

제2차 세계 대전이 끝나고, 독일의 V2 미사일 기술을 토대로 미국과 (구)소련 양국의 치열한 우주 경쟁이 시작되었다. 처음 앞서 나간 것은 (구)소련이었다. 1957년 최초의 인공 위성인 스푸트니크(Sputnik) 1호가 발사되었다. 지름 58센티미터밖에 안되는 구 형태에 4개의 안테나가 달려있는 이 소박한 기기는 석 달간 지구를 1440회 돌고 대기권으로 진입해서 불타 없어졌다. 1961년에는 드디어 인류가 지구를 벗어나 우주 공간에 도착했다. 유리 가가린(Yuri Gagarin, 1934~1968년)은 보스토크(Vostok) 1호를 타고 최고 고도 327킬로미터에서 지구를 한 바퀴 돌고 귀환했다. 그가 우주에 머문 시간은 108분에 불과했지만 그 영향은 엄청났다.

최초의 우주인 가가린과 그가 타고 간 보스토크 1호를 실은 로켓의 발사 장면.

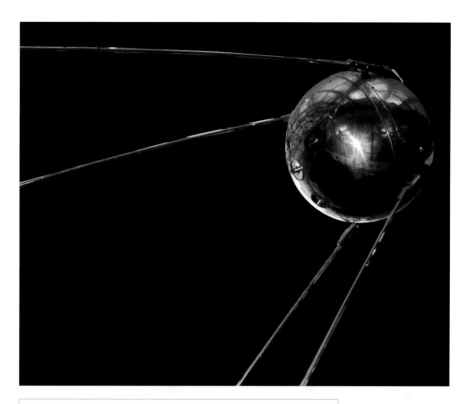

스푸트니크 1호의 복제품. 스푸트니크는 1957년에 (구)소련에서 발사한 최초의
인공 위성이다. 무게는 83.6킬로그램이다. 미소 냉전 시대의 우주 경쟁을 촉발
하는 계기가 되었다.

아폴로 미션, 인류 달을 밟다

(구)소련에서 최초로 사람을 우주에 보낸 것에 미국이 받은 충격은 매우 컸다. 한 달 여 뒤인 1961년 5월 25일, 케네디 대통령이 1960년대가 끝나기 전에 인류를 달에 보내겠다는 아폴로 계획을 발표한다. 아폴로1호에서 세 우주인이 화재로 숨지는 사고를 겪는 등 많은 어려움을 극복하고 드디어 1969년 아폴로 11호 달 착륙에 성공했다. 이후 사고로 중도 귀환한 아폴로 13호를 제외하고 아폴로 17호까지 6번에 걸쳐 12명의 우주인이 달의 표면을 밟았다.

달에서 본 지구. 아폴로 11호에서 1969년에 촬영한 사진이다. 지구에서 달까지 거리는 가까울 때에는 35만 6500킬로미터, 멀 때는 40만 6700킬로미터다.

아폴로 11호의 우주 비행사 버즈 올드린(Buzz Aldrin)이 달 표면에 서 있다. 사진을 찍고 있는 닐 암스트롱(Neil Armstrong)의 모습이 헬멧에 반사되어 보인다. 우주에서 인류가 직접 간 곳으로는 가장 멀리 있다.

국제 우주 정거장

우주 정거장은 우주 공간에 사람이 장기간 머무르는 것을 목적으로 만들어졌다. (구)소련에서 운영했던 샬류트, 미르, 미국의 스카이랩 미션을 거쳐 국제 우주 정거장(International Space Station, ISS)으로 이어졌다. 미국, 러시아, 프랑스, 독일, 일본, 이탈리아, 영국, 벨기에, 덴마크, 스웨덴, 스페인, 노르웨이, 네덜란드, 스위스, 캐나다, 브라질의 16개국이 협력한 프로젝트다. 축구 경기장만 한 크기인데, 1998년부터 여러 번에 걸쳐 모듈을 우주로 쏘아 올려 계속 붙여 나가서 현재의 모습에 이르렀다. 밤하늘에서 1등성보다 밝은 점의 모습으로 천천히 지나가는 것을 종종 볼 수 있다.

ISS에서 본 지구.
2014년 촬영되었다.

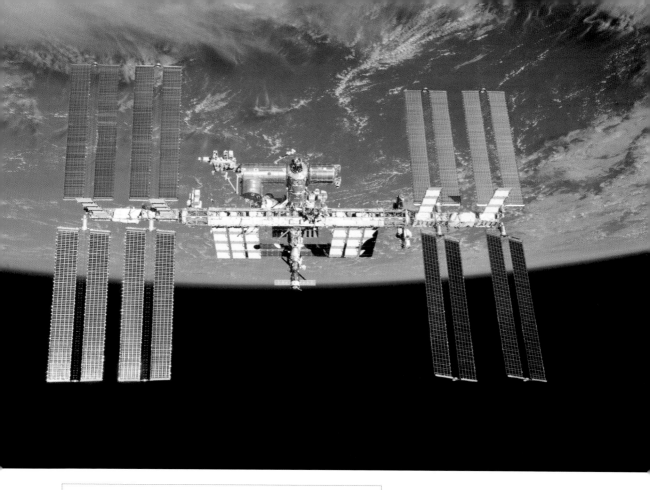

지구를 배경으로 ISS가 보인다. 가가린이 도달했던 고도보다 약간 더 높은 330~430킬로미터 고도에서, 서울~부산 거리를 42초 만에 가는 속도로 하루에 지구를 16바퀴 돈다. ISS에서는 오로라를 발 아래로 볼 수 있다.

태양계 행성 탐사

NASA에서 탐사선을 보내 촬영한 태양계의 행성들. 마리너(Mariner) 10호가 촬영한 수성, 마젤란(Magellan)이 촬영한 금성, 갈릴레오(Galileo)가 촬영한 지구, 바이킹(Viking)이 촬영한 화성, 보이저(Voyager) 1호와 2호가 촬영한 목성, 토성, 천왕성, 해왕성.

NASA에서 화성에 보낸 큐리오시티(Curiosity)가 촬영한 셀카. 2011년 11월 26일에 발사되어 2012년 8월 6일에 화성에 착륙했다. 자동차만 한 크기로 각종 실험 장비들이 탑재되어 있으며 화성 이곳저곳을 탐사 중이다. 2020년 현재 화성 표면에서 약 22킬로미터 지나왔다. 화성까지의 거리는 가장 가까울 때 5460만 킬로미터, 멀 때는 4억 100만 킬로미터다.

2011년 8월에 발사된 주노(Juno). 5년 만인 2017년 7월에 목성 궤도에 도착해서 목성 궤도를 돌며 목성의 대기 구성을 관측하고, 내부 구조를 파악하기 위해 목성 내부로 진입해 산화해 임무를 마쳤다. 지구에서 목성까지의 거리는 가장 가까울 때 5억 8800만 킬로미터, 멀 때는 9억 6800킬로미터이다.

목성 대기의 역동적인 움직임이 주노 탐사선에 포착되었다. 망원경이 아무리 좋아도 사람의 눈에 이렇게 보이지는 않는다. 가시광선 뿐만 아니라 다른 여러 파장의 관측 결과를 인위적인 색으로 합성해 움직임이 잘 드러나게 했다.

소행성 탐사

소행성의 대부분은 화성과 목성 사이의 소행성대에 있다. 소행성에 근접해서 탐사하는 것에서 나아가 탐사선을 착륙시켜 샘플 채취에 성공했다. 중력이 매우 작기 때문에 조금만 잘못해도 도로 튕겨 나올 수 있는 등 매우 어려운 작업이다.

하야부사가 소행성에 착륙해 샘플을 채취하는 모습 상상도.

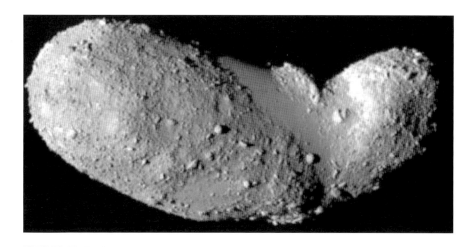

소행성 이토카와(25143 Itokawa). 길이 535미터에 지름 300미터 정도의 길쭉한 모습을 하고 있고 무게는 약 3500만 톤이다. 지구와 화성 사이 궤도를 돌고 있는데, 지구 궤도와 겹치기도 하기에 장기적으로 지구에 충돌할 수도 있는 천체로 분류되고 있다. 2003년 일본이 탐사선 하야부사(Hayabusa, MUSES-C)를 보내 2005년에 착륙시켜 표면 먼지 입자들의 샘플을 채취하고 2010년에 지구로 귀환하는 데 성공했다.

하야부사가 지구로 귀환할 때 본체는 대기권에서 불에 타 없어지고 호주의 사막에 채취한 샘플을 담은 캡슐을 떨어뜨렸다. 위 사진은 대기권에 진입하는 모습이다.

혜성 탐사

혜성은 소행성과 마찬가지로 우주를 떠돌아 다니는 작은 덩어리들이지만, 혜성은 얼음이나 먼지 등으로 구성되어 태양에 가까이 오면 녹아서 꼬리를 형성하게 되는 점이 다르다. 인류는 소행성뿐만 아니라 혜성에도 탐사선들을 보냈다.

로제타(Rosetta) 탐사선에서 촬영한 혜성의 모습.

어느 외딴 절벽 아래에서 눈보라치는 겨울밤의 모습처럼 보이지만 지구에서 수억 킬로미터 떨어진 작은 혜성의 표면이다. 2016년 6월 로제타 탐사선이 67P 혜성의 핵에서 약 13킬로미터 떨어진 상공에서 촬영했다. 우주 먼지와 작은 얼음 입자들이 마치 눈처럼 날리는 것이 보인다. 밝은 선들은 고에너지의 태양풍 입자들이나 태양계 밖에서 날아온 우주선(cosmic rays)에 의해 만들어진 것이다.

최초로 혜성을 직접 탐사한 로제타 탐사선. 2004년 3월에 발사되어 10년이 넘는 항해 끝에 2014년 8월 추류모프-게라시멘코 혜성에 도착했다. 혜성 핵의 크기는 지름 약 4킬로미터. 탐사 로봇 필레(Philae)를 투하하고 혜성 주위를 돌면서 자료를 수집했다.

태양계 외곽 지역 탐사

뉴호라이즌스 탐사선이 촬영한 명왕성. 발사 시 탈출 속도가 초속 16.26킬로미터로 당시까지 인류가 만든 것 중 가장 빠르게 지구를 탈출했다. 스윙바이(swingby) 기술로 목성 중력을 이용해 속도를 높여 2015년 7월 명왕성에 접근했다. 지구에서 명왕성까지는 가까울 때 43억 킬로미터, 멀 때 약 75억 킬로미터이다.

태양계의 마지막 행성인 해왕성까지의 거리는 약 30AU, 즉 태양에서 지구까지의 거리의 30배이다. 보이저 1호가 막 태양권계면, 즉 태양풍이 미치는 한계를 벗어났는데, 100AU가 넘는 거리다. 빛의 속도로도 3시간이 넘게 가야 한다. 여기가 끝이 아니다. 혜성들의 고향이라고 불리는 오르트 구름은 10만 AU 범위까지 펼쳐져 있고 보이저 1호가 이곳까지 벗어나려면 앞으로 3만 년 이상 걸린다.

2006년 1월에 발사된 뉴호라이즌스(New Horizons)는 2019년 1월 1일에 소행성 울티마 툴레(Ultima Thule, 2014 MU69)에 접근했다. 지구로부터 65억 킬로미터 떨어진 거리로 인류가 탐사선을 보낸 가장 먼 천체로 기록되었다. 카이퍼 벨트(Kuiper belt)라고 불리는 이곳은 태양계 형성 초기에 행성이 되지 못

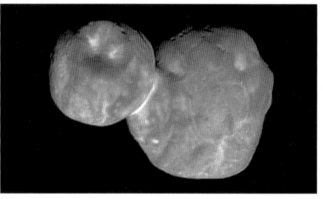

케네디 우주 센터에서 조립되고 있는 뉴호라이즌스와 울티마 툴레.

한 채 남은 다양한 크기의 암석 또는 얼음 소행성이 무수히 모여 있다. 과학자들은 여기서 얻은 자료로 태양계 탄생 초기 모습을 알아낼 수 있을 것으로 기대하고 있다.

유명한 창백한 푸른 점(Pale Blue Dot) 사진이다. 배경의 얼룩무늬는 태양의 빛이 우주선의 유리에 반사되어 생긴 것이다. 세이건이 당시 명왕성 부근을 지나고 있던 보이저 1호의 카메라를 뒤로 돌려 지구를 찍어보자고 제안했다. 태양을 정면으로 바라보는 방향이라 카메라 센서가 상할 위험이 있었고, 그 거리에서는 어차피 지구가 한 점으로 나올 것이므로 과학적으로 의미 있는 것은 아니었기에 NASA의 많은 과학자들이 반대했지만 우여곡절 끝에 계획은 실행되었다. 지구에서 60억 킬로미터 거리에서 지구와 태양계 행성들을 촬영한 태양계의 가족 사진으로 지구는 광활한 우주에 떠 있는 보잘 것 없는 존재임을 온 지구인이 공감하게 되었다. "저 점을 다시 보십시오. 저 점이 우리가 있는 이곳입니다. 저 곳이 우리의 집이자, 우리 자신입니다. 우리가 사랑하는 모든 이들, 우리가 알고 있는 모든 사람, 당신이 들어 봤던 모든 사람, 예전에 있었던 모든 사람이 바로 저 작은 점 위에서 일생을 살았습니다.(중략) 제게 이 사진은 우리가 서로를 더 배려해야 하고, 우리가 아는 유일한 삶의 터전인 저 희미한 푸른 점을 아끼고 보존해야 한다는 책임감에 대한 강조입니다."

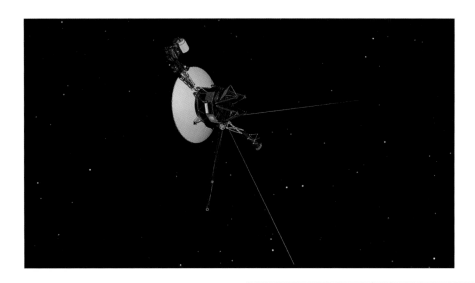

보이저의 이미지. 동일한 것이 2개 발사되었다. 1977년 8월에 보이저 2호가, 9월에 보이저 1호가 차례로 발사되었다. 보이저 1호는 1979년에 목성, 1980년에 토성을 거쳐 2012년에 태양계를 벗어나 성간 우주로 진입했다. 보이저 2호는 1979년에 목성, 1981년에 토성, 1986년에 천왕성, 1989년에 해왕성을 거쳐 2018년에 태양계를 벗어났다. 몸체 가운데 노란색으로 반짝이는 것은 금 도금된 레코드판으로 혹시 외계 지성체를 만날 경우에 대비한 지구인의 메시지를 담고 있다.

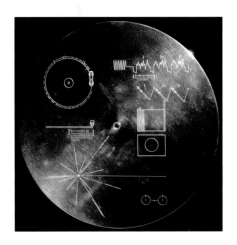

혹시 만나게 될 외계인에게 전하는 메시지인 레코드의 표면에는 이 레코드를 재생하기 위한 정보와 태양계의 위치를 수록하고 있다. 표면에 방사능 물질을 코팅해 외계의 수령자가 충분한 과학적 지식이 있다면 언제 출발한 메시지인지 제작 후 경과된 시간을 측정할 수 있게 했다. 세이건이 의장이 된 위원회에서 어떤 내용을 수록할지 정했다. 55개국 언어로 녹음된 인사말과 파도, 바람, 천둥과 같은 자연의 소리, 고래와 다른 동물들의 소리, 그리고 여러 문화권의 음악을 수록했다.

우리 은하의 상상도. 막대 나선 은하의 모습이다. 태양계 외곽 지역에서 거리 단위가 킬로미터에서 AU로 바꾸었는데, 우리 은하 이야기를 하려면 다시 단위를 광년(light year, ly)으로 바꾸어야 한다. 1광년은 약 9조 5000억 킬로미터이고, 천문 단위로는 약 6만 3241AU다. 우리 은하의 나선팔이 구성하는 원반의 지름은 약 10만 광년이다. 우리 태양계는 중심에서 3만 광년 정도 떨어진 변두리에 위치하고 있다. 이 사진에서 이미지가 1000픽셀이라면, 점 하나가 100광년이다. 반지름 3픽셀 정도로 뭉툭한 연필로 찍은 것 같은 작은 원 하나를 그려보자. 우리가 밤하늘에서 보는 별, 쏟아지는 별들을 보며 우주는 광대하다고 느꼈던 그 수많은 별들이 대부분 그 작은 원 안에 있다.

칠레의 해발 5000미터의 아타카마 고원에서 촬영한 사진이다. 한 장의 사진 안에 우리가 맨눈으로 볼 수 있는 은하 4개가 모두 들어 있다. 왼쪽 위에 소마젤란 은하, 아래에 대마젤란 은하가 있고, 오른쪽에 안드로메다 은하가 보인다. 그리고 우리 은하의 단면이 은하수로 보인다. 대·소마젤란 은하는 우리 은하에서 20만 광년 이내 거리에 있는 위성 은하이다. 우리 은하 주변에는 이외에도 알려진 왜소 은하 수십 개가 더 있다.

안드로메다 은하는 250만 광년 떨어져 있는데, 우리 은하와 매초 110킬로미터씩 가까워지고 있다. 40억 년 뒤면 충돌하고 60억 년 뒤면 하나의 은하로 합쳐진다. 이 두 은하와 주변 50개가 넘는 은하들이 1000만 광년 범위에서 국부 은하군(Local Group)을 이루고 있다. 국부 은하군은 처녀자리 초은하단(Virgo supercluster)에 속해 있는데 지름 1억 1000만 광년 정도 범위에 100개 이상의 은하군을 포함하고 있다. 관측 가능한 우주 안에 1000만 개의 초은하단이 존재한다고 한다.

허블 우주 망원경으로 촬영한 수많은 은하들이 있는 영역이다. 이들 하나하나의 은하들은 수천억 개의 별들을 품고 있다. 이미지의 중앙에는 거대한 은하단이 자리 잡고 있는데, 수천 개의 은하들이 서로의 중력에 의해 묶여 있다. 이들의 엄청난 중력으로 인한 중력 렌즈 효과로 둥근 형태로 왜곡된 형태의 은하들을 중심 근방에서 볼 수 있다.

인류가 알고 있는 우주의 가장 큰 구조인 우주 거대 구조다. 대폭발 직후의 10만분의 1 정도의 미세한 차이에서 약간 더 밀도가 높은 부분이 성장해 필라멘트 구조를 이루고, 약간 더 낮았던 부분은 우주의 텅 빈 공간(void)을 형성하고 있다. 마치 거품과 같은 모양이다.

우리 은하를 넘어

　　지구에서부터 태양계, 우리 은하, 그리고 국부 은하군, 처녀자리 초은하단, 그리고 우주 거대 구조에 이르기까지 공간적으로 우주가 어떻게 구성되어 있는지 살펴보았다. 이 책의 첫 번째 장에서 대폭발, 바로 그 태초의 순간에서 최초의 별과 은하들이 태어나고, 작은 은하들이 뭉쳐 우리 은하와 같은 큰 은하를 만들고, 그 은하에서 우리 태양계가 생기고 지구에서 인류가 지성체로 진화한 현재까지 138억 년의 우주를 시간적으로도 살펴보았다. 인류가 이 우주를 이만큼이라도 이해하게 될 때까지, 더 알게 되고 더 사랑하게 되기까지 수많은 거인들의 어깨 위에서 더 멀리 바라보려 애쓴 천재들이 있었다. 그 역사적 흐름을 한달음에 살펴보는 우리의 여정이 『코스모스 오디세이』의 마지막 장을 덮고 난 후 더욱 뜻깊어질 것이다.

대학교 천문 동아리 친구들이 모델이 되어 주고 작은 손전등으로 허공에 글씨를 썼다. 사진 작가 욘 밀리(Gjon Mili)가 허공에 빛으로 황소를 그리는 피카소를 촬영한 유명한 사진에 영감을 받아 시도했다. 강원도 치악산, 1995년.

도판 저작권

권오철 4, 7~8, 15~16, 18, 38, 43(아래), 44, 51, 52, 60, 84, 104, 122, 124, 125(아래), 128~129, 131~132, 134, 136~137, 139, 143~144, 157~158, 163, 165(아래),176, 182, 205, 209~210, 224~245, 249쪽 ● 기초과학연구원 214쪽 아래 ● 내셔널지오그래픽 6쪽 ● 독일박물관 101~102쪽 위 ● 박형민 221, 223쪽 ● 정병준 92쪽 ● 「우주 극장」 40, 43쪽 위 ● 「코스모스 오디세이」/ ESA 27쪽 ● 「코스모스 오디세이」/ Visualisation by Frank Summers, Space Telescope Science Institute / Simulation by Martin White, UC Berkeley and Lars Hernquist, Harvard University. 247쪽 ● 「코스모스 오디세이」/ 권오철 23, 25, 42, 57, 68~69, 73, 82~83, 107, 126~127, 135, 147, 162, 174~175, 206, 220, 222쪽 ● ⓒAlma Pater 89쪽 ● ALMA(ESO/NAOJ/NRAO) 32쪽 ● ⓒAnagoria 48쪽 ● ⓒAndrew Ainslie Common 100쪽 위 ● APEX - H.H.Heyer 181쪽 ● Arecibo Observatory 171쪽 ● ⓒArne Nordmann (norro) 161쪽 ● Barrington Bramley 81쪽 위 ● Carnegie Observatories 117쪽 ● ⓒDave Pape 11쪽 ● ⓒDavid Brewster 81쪽 아래 ● Dcoetzee 10쪽 ● Digital image courtesy of the Getty's Open Content Program99쪽 위 ● ⓒECeDee 91쪽 아래 ● ⓒEduard Ender 74쪽 위 ● EHT Collaboration180, 181(아래 왼)쪽 ● ESA 202(아래), 203, 239쪽 ● ESA/AOES Medialab 201쪽 아래 ● ESA/Hubble & NASA, RELICS 246쪽 ● ESA/Rosetta/NAVCAM 238쪽 ● ESO 150, 154~155, 185쪽 ● ESO/F. Kamphues 149쪽 ● ESO/L. Calçada 152쪽 ● ESO/P. Weilbacher(AIP) 151쪽 위 ● ESO/S. Guisard 172쪽 아래 ● ESO/WFI(visible); MPIfR/ESO/APEX/A.Weiss et al.(microwave); NASA/CXC/CfA/R.Kraft et al.(X-ray) 187쪽 ● Fastfission 64쪽 ● G. Gillet / ESO 142쪽 ● ⓒgarethwiscombe 47쪽 위 ● ⓒGemma Frisius 94쪽 위 ● German Federal Archieves 13쪽 ● GMTO Corporation 153쪽 아래 ● ⓒH. Revera 33쪽 ● Icecube/NSF 215쪽 위 ● Image courtesy of the Earth Science and Remote Sensing Unit, NASA Johnson Space Center 191쪽 ● Image courtesy of the Observatories of the Carnegie Institution for Science Collection at the Huntington Library, San Marino, California 108, 111~112, 114쪽 ● ⓒInternational Astronomical Union 34쪽 ● ⓒIsaac Roberts 100쪽 아래 ● JAXA 236~237쪽 ● JCMT - William Montgomerie 181쪽 ● ⓒJiri Daschitzsky 76쪽 아래 ● Johann Julius Friedrich Berkowski 99쪽 아래 ● John Colosimo(colosimophotography.com)/ESO 140쪽 ● ⓒJohn Herschel 90쪽 위 ● ⓒJohn William Draper 98쪽 ● ⓒJoseph Lertola 46쪽 ● Joseph Nicéphore Niépce 97쪽 ● Justus Susterman 78쪽 위 ● Kamioka Observatory, ICRR(Institute for Cosmic Ray Research), The University of Tokyo 212~213, 214쪽 위 ● ⓒKristi Herbert 47쪽 아래 ● ⓒKsiom 35쪽 ● LIGO/Caltech/MIT/Sonoma State(Aurore Simonnet) 217쪽 ● LMT - INAOE Archives 181쪽 ● Margaret Bourke White / TIME / Getty images 106쪽 ● ⓒMarsyas 62쪽 ● michael schomann 14쪽 ● ⓒMike Young 86쪽 위 ●

찾아보기

권오철의
코스모스
오디세이

1판 1쇄 찍음 2020년 8월 22일
1판 1쇄 펴냄 2020년 8월 31일

지은이 권오철
펴낸이 박상준
펴낸곳 ㈜사이언스북스

출판등록 1997. 3. 24 (제16-1444호)
(06027) 서울시 강남구 도산대로1길 62
대표전화 515-2000 팩시밀리 515-2007
편집부 517-4263 팩시밀리 514-2329
www.sciencebooks.co.kr

ISBN 979-11-90403-09-2 03440

권오철 감독은 '코스모스 오디세이'라는 기나긴 여정의 동기를, 은하수를 배경으로 서 있는 발라드 호수의 조각상 사진 하나로 알려준다. 『코스모스 오디세이』의 모태가 된 영화의 시사회에서 이 장면을 처음 보았을 때 새겨진 깊은 여운은 지금도 내 마음 속에서 울리고 있다. 스탠리 큐브릭 감독의 고전 영화 「2001:스페이스 오디세이」의 도입부에는 하얀 뼈다귀가 나온다. 원시적 앙상함과 결핍. 여기에서 문명이 시작되었다. 하늘로 던져진 뼈다귀를 따라가다 보면 어느새 우리는 곧 우주 공간을 여행하는 디스커버리 호를 보게 된다. 앙상한 발라드 호수 조각상에서 이 뼈다귀를 연상한 것은 아마도 우연이 아닐 것이다. 「2001:스페이스 오디세이」의 뼈다귀가 디스커버리 호로 바뀌듯, 「코스모스 오디세이」에서는 별을 바라보는 이 조각상이 어느새 ALMA와 VLT 망원경 같은 현대의 최첨단 관측 시설로 바뀌어 간다.

영화 「코스모스 오디세이」에는 우주의 팽창을 발견한 천문학자 에드윈 허블이 활약했던 윌슨 산 천문대의 돔이 열리는 장면이 나온다. 여기서 나는 하늘이 태초부터 감춰놓았던 비밀을 저 돔의 열린 틈으로 인류에게 계시하는 듯한 느낌을 받았다. 우주는 대폭발로 시작했다. 현대인들이 발견한 우주의 모습은 정적이 아니라 역동적이다. 우주의 풍경은 어제와 오늘이 다르게 변해가고 있다. 저자는 천체 사진 작가로서 세계적인 명성을 얻었지만, 사진만으로는 우주의 모습을 온전히 다 담을 수 없다는 사실을 깨달았다고 고백한다. 천문학을 전공하는 나 자신도 깊이 공감한다.

사진을 넘어 영상에 도전한 저자는 이 책의 내용을 천체 투영관용 영화로 제작하여 발표했다. 장담컨대, 영화로서 「코스모스 오디세이」는 세계 어디에 내놔도 손색이 없는 걸작이다. 고대의 우주관으로부터 시작하여 현대 천문학이 말하는 대폭발과 외계 생명에 이르기까지, 천문학이 어떻게 새로운 기술에 힘입어 발전하였는지를 수십 분이라는 짧은 시간에 효율적으로 전달하는 일은 결코 쉬운 작업이 아니다. 저자는 이 어려운 일을 해내고야 말았다. 이 책을 손에 든 독자들께는 근처의 천체 투영관을 방문하여 「코스모스 오디세이」를 관람하실 것을 적극적으로 추천한다. 우주를 향한 인류의 여정에 동참하고 싶은 열망을 느끼시리